普通高等教育"十二五"规划教材
全国高等医药院校规划教材

有机化学实验

第3版

吉卯祉　黄家卫　胡冬华　主编
江佩芬　主审

科学出版社
北京

· 版权所有　侵权必究 ·

举报电话：010-64030229；010-64034315；13501151303（打假办）。

内 容 简 介

本套教材是普通高等教育"十二五"规划教材之一，为第 3 版，包括《有机化学》、《有机化学习题及参考答案》、《有机化学实验》，是根据教育部对药学、中药学等专业的有机化学课程教学的要求，由北京中医药大学、南京中医药大学、成都中医药大学、黑龙江中医药大学、湖北中医药大学等全国近 30 所高校有机化学教研室主任、专家、教授经过多年使用第 2 版及总结过去经验的基础上联合编写而成的，供药学、中药学、制药等各专业使用的系列教材之三。本书为理论教材的配套教材，配合理论的各章内容分别介绍了有机化学实验的一般知识、基本操作、合成实验、天然有机化合物的提取分离实验及性质实验。此外，书后还列有附录，包括一些物理常数、试剂的规格及配制等以供自学参考。

本书可供全国高等医药院校及全国高等中医药院校药学、中药学、制药等各专业本科生使用，也可作为成人继续教育药学、中药学、制药等各专业学生、自学考试应试人员、广大中医药专业工作者及爱好者的学习参考书。

图书在版编目（CIP）数据

有机化学实验／吉卯祉，黄家卫，胡冬华主编．—3 版．—北京：科学出版社，2013.3

普通高等教育"十二五"规划教材·全国高等医药院校规划教材
ISBN 978-7-03-037115-7

Ⅰ. 有… Ⅱ. ①吉…②黄…③胡… Ⅲ. 有机化学-化学实验-高等学校-教材 Ⅳ. O62-33

中国版本图书馆 CIP 数据核字（2013）第 048983 号

责任编辑：郭海燕　曹丽英／责任校对：宋玲玲
责任印制：赵　博／封面设计：范璧合

版权所有，违者必究。未经本社许可，数字图书馆不得使用

科　学　出　版　社 出版
北京东黄城根北街 16 号
邮政编码：100717
http://www.sciencep.com
新科印刷有限公司 印刷
科学出版社发行　各地新华书店经销

*

2002 年 2 月第　一　版　　开本：787×1092 1/16
2013 年 3 月第　三　版　　印张：9
2016 年 1 月第十八次印刷　字数：246 000
定价：19.80 元
（如有印装质量问题，我社负责调换）

《有机化学实验》(第3版)编委会

主　编　吉卯祉　黄家卫　胡冬华
副主编　彭　松　张国升　葛正华　赵　骏
　　　　　武雪芬　薛慧清　邹海舰　赵华文
　　　　　沙　玫　吴玉兰　郭晏华　陈胡兰
　　　　　彭彩云　杨武德　万屏南　张　拴
　　　　　蔡梅超　张园园　谈春霞
主　审　江佩芬
编　委（以下按人名姓氏笔画为序）

万屏南	江西中医药大学	王　涛	广州中医药大学
王福东	湖南中医药大学	方　方	安徽中医药大学
尹　飞	天津中医药大学	邓仕任	辽宁中医药大学
吉卯祉	北京中医药大学	刘自平	安徽新华学院
安　叡	上海中医药大学	孙艳涛	辽宁中医药大学
苏　进	北京中医药大学	杨武德	贵阳中医学院
吴玉兰	南京中医药大学	余宇燕	福建中医药大学
邹海舰	云南中医学院	沙　玫	福建中医药大学
沈　玚	湖北中医药大学	李树全	云南中医学院
张园园	北京中医药大学	张国升	安徽中医药大学
张　拴	陕西中医学院	陈胡兰	成都中医药大学
陈海宏	成都中医药大学	武雪芬	河南中医学院
和东亮	长春中医药大学	周灵君	南京中医药大学
赵　群	南京中医药大学	赵华文	第三军医大学
赵　骏	天津中医药大学	胡冬华	长春中医药大学
钟　铮	河南中医学院	贺锋嘎	内蒙古民族大学
贾玉良	黑龙江中医药大学	徐秀玲	浙江中医药大学
郭晏华	辽宁中医药大学	谈春霞	甘肃中医学院
黄　珍	成都中医药大学	黄家卫	浙江中医药大学
康　威	北京中医药大学	彭　松	湖北中医药大学
彭彩云	湖南中医药大学	葛正华	黑龙江中医药大学
蔡梅超	山东中医药大学	潘激扬	北京中医药大学
薛慧清	山西中医学院		

编写说明

本套教材是普通高等教育"十二五"规划教材之一，为第 3 版，包括《有机化学》、《有机化学习题及参考答案》、《有机化学实验》，是根据教育部对药学、中药等专业的有机化学课程教学的要求，由北京中医药大学、南京中医药大学、成都中医药大学、黑龙江中医药大学、湖北中医药大学等全国近 30 所高校有机化学教研室主任、专家、教授经过多年使用第 2 版、总结经验的基础上联合编写而成，供药学、中药学、制药等各专业使用的系列教材之三。

本书为理论教材的配套教材，共包括 6 个方面的内容：第一部分为有机化学实验的一般知识，包括实验室规则、实验室安全事项、有机实验室常用仪器设备及装置的介绍等；第二部分为有机化学实验的基本操作，介绍常用的有机化学实验单元操作的技术要点等；第三部分为有机化合物的合成实验，安排了 36 个内容，分为基本有机合成实验、高等有机合成实验及高分子基础实验等，部分实验还附有微型实验方案，供各院校选择使用；第四部分为天然有机化合物的提取、分离及纯化实验，这部分内容是考虑到药学、中药学等专业的特点而安排的，共有 8 个从植物中提取、分离天然有机化合物的实验方案；第五部分为有机化合物的性质实验，列有分子模型实验和有机化合物官能团性质实验等内容；教材最后为附录，内容包括常用酸碱浓度、主要化合物的物理常数、试剂的规格和配制、常用有机化合物的纯化等。

由于编写时间比较仓促，加之业务水平有限，书中定有不妥之处，敬请各校老师和同学们在使用过程中予以批评指正，以不断提高本书的质量。

编　者

2013 年 3 月于北京

目 录

编写说明

第一部分　有机化学实验的一般知识

1.1　有机化学实验的目的 …………… (1)
1.2　有机化学实验室规则 …………… (1)
1.3　实验室的安全事项 ……………… (1)
1.4　有机实验室常用仪器设备及装置 …… (4)
1.5　仪器的清洗、干燥和保养方法 …… (9)
1.6　实验预习、记录和实验报告 …… (10)
1.7　有机化学文献资料 ……………… (13)

第二部分　有机化学实验的基本操作

2.1　玻璃工操作及塞子的配制 ……… (15)
2.2　熔点测定及温度计校正 ………… (19)
2.3　加热和冷却 ……………………… (23)
2.4　搅拌和振荡 ……………………… (25)
2.5　重结晶及过滤 …………………… (25)
2.6　干燥与干燥剂的使用 …………… (30)
2.7　萃取和分液漏斗的使用 ………… (32)
2.8　回流 ……………………………… (36)
2.9　蒸馏和沸点测定 ………………… (36)
2.10　分馏 …………………………… (39)
2.11　减压蒸馏 ……………………… (41)
2.12　水蒸气蒸馏 …………………… (45)
2.13　升华 …………………………… (48)
2.14　折光率的测定 ………………… (50)
2.15　旋光度的测定 ………………… (53)
2.16　色谱法简介 …………………… (54)

第三部分　有机化合物的合成实验

3.1　基本操作实验 …………………… (60)
　　实验一　简单的玻璃工制作 ……… (60)
　　实验二　熔点测定及温度计校正 … (60)
3.2　基本有机合成实验 ……………… (61)
　　实验三　环己烯 …………………… (61)
　　实验四　正溴丁烷 ………………… (62)
　　实验五　溴乙烷 …………………… (63)
　　实验六　溴苯 ……………………… (65)
　　实验七　无水乙醇 ………………… (66)
　　实验八　2-甲基-2-丁醇 …………… (67)
　　实验九　2-硝基间苯二酚 ………… (68)
　　实验十　乙醚 ……………………… (70)
　　实验十一　苯乙酮 ………………… (71)
　　实验十二　苯亚甲基苯乙酮 ……… (72)
　　实验十三　苯甲酸和苯甲醇 ……… (73)
　　实验十四　呋喃甲醇和呋喃甲酸 … (74)
　　实验十五　乙酰水杨酸 …………… (75)
　　实验十六　己二酸 ………………… (76)
　　实验十七　肉桂酸 ………………… (77)
　　实验十八　苦杏仁酸的制备 ……… (78)
　　实验十九　水杨酸甲酯 …………… (79)
　　实验二十　乙酸乙酯 ……………… (80)
　　实验二十一　乙酰乙酸乙酯 ……… (81)
　　实验二十二　邻苯二甲酸二丁酯 … (82)
　　实验二十三　苯胺 ………………… (83)
　　实验二十四　乙酰苯胺 …………… (84)
　　实验二十五　甲基橙 ……………… (85)
　　实验二十六　对氨基苯磺酰胺 …… (86)
　　实验二十七　安息香缩合反应 …… (87)
3.3　高等有机合成实验 ……………… (88)
　　实验二十八　β-萘乙醚 …………… (88)
　　实验二十九　对二溴苯 …………… (89)
　　实验三十　2,4-二羟基苯乙酮的合成 … (90)
　　实验三十一　N,N-二乙基间甲苯甲酰胺的
　　　　　　　　合成 ………………… (91)
3.4　高分子基础实验 ………………… (92)
　　实验三十二　有机玻璃 …………… (92)
　　实验三十三　乙酸乙烯酯溶液聚合及其醇
　　　　　　　　解 …………………… (94)
　　实验三十四　苯乙烯悬浮聚合 …… (95)

实验三十五　苯乙烯丙烯酸酯共聚乳液 ……………………… (97)　　实验三十六　脲醛树脂与泡沫塑料 …………(98)

第四部分　天然有机化合物的提取、分离及纯化实验

实验一　从茶叶中提取咖啡因 ……… (101)
实验二　从红辣椒中分离红色素 …… (103)
实验三　从肉桂中分离肉桂醛 ……… (104)
实验四　从黑胡椒中分离胡椒碱 …… (105)

实验五　从黄连中提取小檗碱 ……… (107)
实验六　从牡丹皮中提取丹皮酚 …… (107)
实验七　卵磷脂的提取 ……………… (108)
实验八　从大蒜中提取大蒜素 ……… (110)

第五部分　有机化合物的性质实验

5.1　有机化合物官能团性质实验 …… (111)
　　实验一　烃的性质 ………………… (111)
　　实验二　卤代烃的性质 …………… (112)
　　实验三　醇、酚、醚的性质 ……… (113)
　　实验四　醛、酮的性质 …………… (115)
　　实验五　羧酸及其衍生物的性质 … (116)
　　实验六　水杨酸及乙酰乙酸乙酯的性质
　　　　　　………………………………(118)

　　实验七　氨基酸、蛋白质的性质 … (118)
　　实验八　糖的性质 ………………… (119)
　　实验九　胺和酰胺的性质 ………… (120)
5.2　分子模型实验 …………………… (122)
　　实验十　顺反异构模型实验 ……… (122)
　　实验十一　对映异构模型实验 …… (122)
　　实验十二　构象异构模型实验 …… (123)

附　　录

附录一　常用化学元素相对原子质量 … (124)
附录二　常用酸碱溶液的密度和浓度表
　　　　………………………………… (124)
附录三　水的蒸气压力表 …………… (127)
附录四　常用有机溶剂沸点、密度表 …… (127)
附录五　化学试剂常用规格 ………… (127)

附录六　常用有机试剂的配制 ……… (127)
附录七　常用有机试剂的性质和纯化 … (129)
附录八　危险化学品的使用知识 …… (130)
附录九　部分有机化合物英、中文名称对照
　　　　表及缩写代号 ………………… (132)

第一部分　有机化学实验的一般知识

1.1　有机化学实验的目的

有机化学实验是化学学科的一个组成部分。尽管现代科学技术突飞猛进,使有机化学从经验科学走向理论科学,但它仍是以实验为基础的科学,特别是新的实验手段的普遍应用,使有机化学面貌焕然一新。在中药专业的教学计划中,有机化学实验所占比重是比较大的。

有机化学实验教学的目的和任务:
(1) 通过实验,使学生在有机化学实验的基本操作方面获得较全面的训练。
(2) 配合课堂讲授,验证和巩固课堂讲授的基本理论和知识。
(3) 培养学生正确选择有机化合物的合成和鉴定方法的能力以及分析和解决实验中所遇到问题的能力。
(4) 培养学生理论联系实际的作风,实事求是、严格认真的科学态度和良好的工作习惯。

1.2　有机化学实验室规则

为了保证实验的正常进行和培养良好的实验习惯,学生必须遵守下列实验室规则:
(1) 实验前应做好一切准备工作,如复习教材中有关的章节,预习实验指导书等,做到心中有数;防止实验时边看边做,降低实验效果。还要充分考虑防止事故的发生及事故发生所采用的安全措施。
(2) 进入实验室时,应熟悉实验室及其周围的环境,熟悉灭火器材;急救药品的使用方法和放置的地方。严格遵守实验室的安全规则和每个具体实验操作中的安全注意事项。如有意外事故发生,应报请老师处理。
(3) 实验时应保持安静和遵守纪律,不准用散页纸做记录,以免散失。实验过程中精力要集中,操作要认真,观察要细致,思考要积极。
(4) 遵从教师的指导,严格按照实验指导书所规定的步骤、试剂的规格和用量进行实验。学生若有新的见解或建议,要改变实验步骤和试剂规格及用量时,须征得教师同意方可进行。
(5) 实验台面和地面要经常保持整洁,暂时不用的器材,不要放在台面上,以免碰倒损坏。污水、污物、残渣、火柴梗、废纸、塞芯和玻璃屑等,应分别放入指定的地方,不要乱抛乱丢,更不能丢入水槽,以免堵塞下水道;废酸和废碱应倒入废液缸中,不能倒入水槽。
(6) 要爱护公物。公共器材用完后,须整理好并放回原处。如损坏仪器,要办理登记更换手续。要节约水、电、煤气及消耗性药品,严格控制药品的用量。
(7) 学生轮流值日。值日生应负责整理公用器材,打扫实验室,倒换废液缸,检查水、电、煤气,关好门窗。

1.3　实验室的安全事项

进行有机化学实验,经常要使用易燃有机溶剂,如乙醚、乙醇、丙酮和苯等;易燃易爆的气体和药品,如氢气、乙炔和干燥的苦味酸(2,4,6-三硝基苯酚)等;有毒药品,如氰化钠、硝基苯和某些有机磷化合物等；有腐蚀性的药品如氯磺酸、浓硫酸、浓硝酸、浓盐酸、氢氧化钠及溴等。这些药品使用不当，就有可能产生着火、爆炸、烧伤、中毒等事故。此外，碎的玻璃器皿、煤气、电器设备等使用处理不当，也会产生事故，但是这些事故都是可以预防的。只要实验者集中注意力，而不是掉以轻心，严格执行操作规程，加强安全措施，就一定能有效地维护实验室的安全，正常地进行实验。

1.3.1 实验室的一般注意事项

（1）实验开始前应检查仪器是否完整无损，装置是否正确稳妥。

（2）实验进行时，应经常注意仪器有无漏气、碎裂、反应是否正常等。

（3）在进行可能发生危险的实验操作时，应使用防护眼镜、面罩、手套等防护设备。

（4）实验中所用药品，不得随意抛洒、遗弃。对产生有毒气体的实验应按规定处理，以免污染环境，影响身体健康。

（5）实验结束后要细心洗手，严禁在实验室吸烟或饮食。

（6）将玻璃管（棒）或温度计插入塞中时，应先检查塞孔是否合适，玻璃是否平光，并用布裹住或涂些甘油等润滑剂后旋转而入。握玻璃管（棒）的手应靠近塞子，防止因玻璃管折断而割伤皮肤。

（7）应充分熟悉安全用具，如灭火器、砂桶以及急救箱的放置地点和使用方法，并妥善保管，不准移作他用。

1.3.2 火灾、爆炸、中毒、触电事故的预防

（1）实验中使用的有机溶剂大多易燃，应注意盛易燃有机溶剂的容器不得靠近火源，数量较多的易燃有机溶剂，应放在危险药品柜内。

（2）易燃有机溶剂（特别是低沸点易燃溶剂），室温时即具有较大的蒸气压。空气中混杂有易燃有机溶剂的蒸气达到某一极限时（表1-1），遇有明火即发生燃烧爆炸；而且，有机溶剂蒸气都比空气的密度大，会沿着桌面或地面飘移至较远处，或沉积在低洼处。因此，切勿将易燃溶剂倒入废液缸中，更不能用开口容器盛放易燃溶剂。倾倒易燃溶剂应远离火源，最好在通风橱中进行。蒸馏易燃溶剂（特别是低沸点易燃溶剂）时，整套装置切勿漏气，接受器支管应与橡皮管相连，使余气通往水槽或室外。

表 1-1 常用易燃溶剂蒸气爆炸极限

名称	沸点（℃）	闪燃点（℃）	爆炸范围（体积%）
甲醇	64.96	11	6.72～36.50
乙醇	78.5	12	3.28～18.95
乙醚	34.51	−45	1.85～36.5
丙酮	56.2	−17.5	2.55～12.80
苯	80.1	−11	1.41～7.10

（3）使用易燃、易爆气体，如氢气、乙炔等时，要保持室内空气流通，严禁明火，并应防止一切火星的发生，如由于敲击、电器的开关等所产生的火花（表1-2）。

表 1-2 易燃气体爆炸极限

气体	空气中的含量（体积%）
氢气	4～74
一氧化碳	12.5～74.2
氨气	15～27
甲烷	4.5～13.1
乙炔	2.5～80

(4) 常压蒸馏操作时,蒸馏装置不能完全密闭。减压蒸馏时,要用圆底烧瓶或吸滤瓶做接受器,不可用锥形瓶,否则可能发生炸裂。回流或蒸馏液体时应放沸石,以防溶液因过热爆沸而冲出。若在加热后发现未放沸石,则应停止加热,待稍冷后再放,否则在过热溶液中放入沸石会导致液体迅速沸腾,冲出瓶外而引起火灾。不要用火焰直接加热烧瓶,而应根据液体沸点高低使用石棉网、油浴或水浴。冷凝水要保持畅通,若冷凝管忘记通水,大量蒸气来不及冷凝而逸出,也易造成火灾。

(5) 有些有机化合物,遇氧化剂时会发生猛烈爆炸或燃烧,操作时应特别小心;存放药品时,应将氯酸钾、过氧化物、浓硝酸等强氧化物和有机药品分开。

(6) 开启存有挥发性药品的瓶塞和安瓿时,必须先充分冷却然后开启(开启安瓿时需要用布包裹);开启时瓶口须指向无人处,以免由于液体喷溅而导致伤害。如遇瓶塞不易开启时,必须注意瓶内储物的性质,切不可贸然用火加热或乱敲瓶塞等。

(7) 有些实验可能生成有危险性的化合物,操作时需特别小心。有些类型的化合物具有爆炸性,如叠氮化物、干燥的重氮盐、硝酸酯、多硝基化合物等。使用时需严格遵守操作规程。有些有机化合物如醚或共轭烯烃,久置后会生成易爆炸的过氧化合物,须特殊处理后才能应用。

(8) 有毒药品应认真操作,妥为保管,不许乱放。实验室所用的剧毒物应由专人负责收发,并向使用者提出必须遵守的有关操作规程。实验后的有毒残渣必须做妥善而有效的处理,不准乱丢。在接触固体或液体有毒物时,必须戴橡皮手套,操作后立即洗手。

(9) 在反应过程中,可能生成有毒或有腐蚀性气体的实验,应在通风橱中进行。使用后的器皿应及时清洗。在使用通风橱时,当实验开始后,不要把头伸入橱内。

(10) 使用电器时,应防止人体与电器导电部分直接接触,不能用湿的手或手握湿物接触电插头。为了防止触电,装置和设备的金属外壳等,都应连接地线。实验后应先切断电源,再将连接电源的插头拔下。

1.3.3 事故的处理和急救

如遇事故,应立即采取适当措施,并报告教师。

(1) 火灾:如一旦发生了火灾,不必惊慌失措,可立即采取多种相应措施,以减少事故损失。首先,应立即熄灭附近所有火源(关闭煤气),切断电源,并移开附近的易燃物。少量溶剂(几毫升)着火,可任其烧完。锥形瓶内溶剂着火,可用石棉网或湿布盖熄。小火可用湿布或黄沙盖熄。火较大时应根据具体情况,采用下列灭火器材:

四氯化碳灭火器:用以扑灭电器内或电器附近之火,但不能在狭小和通风不良的实验室中应用,因为四氯化碳在高温时要生成剧毒的光气;此外,四氯化碳和金属钠接触也要发生爆炸。使用灭火器时只需连续抽动唧筒,四氯化碳就会由喷嘴喷出。

二氧化碳灭火器:其钢筒装有压缩的液态二氧化碳,适用于扑灭电器设备、小范围油类物质的失火。使用时打开开关,二氧化碳气体即会喷出。使用时应注意,一手提灭火器,一手应握在喷二氧化碳喇叭筒的把手上。因喷出的二氧化碳压力骤然降低,温度也骤降,手若握在喇叭筒上易被冻伤。

泡沫灭火器:内部分别装有含发泡剂的碳酸氢钠溶液和硫酸铝溶液,适用于油类起火。使用时将筒身颠倒,两种溶液即反应生成硫酸氢钠、氢氧化铝及大量二氧化碳;灭火器筒内压力突然增大,大量二氧化碳泡沫喷出。非大火通常不用泡沫灭火器,因后处理比较麻烦。

干粉灭火器:主要成分是碳酸氢钠等盐类物质与适量的润滑剂和防潮剂。适用于油类、可燃性气体、电器设备等的初起火灾。

无论用何种灭火器,皆应从火的四周开始向中心扑灭。油浴和有机溶剂着火时,绝对不能用水浇,因为这样反而会使火焰蔓延开来。若衣服着火,切勿奔跑,可用厚的外衣包裹使火熄灭;较严重者应躺在地上（以免火焰烧向头部），用防火毯紧紧包裹，直至火熄，或打开附近的自来水开关用水冲淋熄灭。烧伤严重者应急送医疗单位。

（2）割伤：应取出伤口中的玻璃或固体物，用蒸馏水洗后涂上紫药水或碘酒，用绷带扎住；玻璃碎屑溅入眼内切勿用手揉动；大伤口则应先按紧主血管，以防止大量出血。

（3）烫伤：轻伤皮肤未破涂以烫伤膏，若皮肤已破可涂些甲紫溶液。

（4）试剂灼伤：

1）酸：立即用大量水洗，再用3％～5％碳酸氢钠溶液洗，最后用水洗。若溅入眼内，应先用大量水冲洗。

2）碱：立即用大量水洗，再用2％乙酸溶液洗，最后用水洗。

3）溴：立即用大量水洗，再用酒精擦至无溴液存在时为止，然后涂上甘油或烫伤油膏。

4）钠：可见的小块用镊子移去，其余与碱灼伤处理相同。

（5）中毒：

1）腐蚀性毒物：对于强酸，先饮大量水，然后服用氢氧化铝膏、鸡蛋白；对于强碱，也应先饮大量水，然后服用醋、酸果汁、鸡蛋白。不论酸或碱中毒，都再给以牛奶灌注，不要吃呕吐剂。

2）刺激剂及神经性毒物：先给牛奶或鸡蛋白，使之立即冲淡和缓和，再用一大匙硫酸镁（约30g）溶于一杯水中催吐，有时也可用手指伸入喉部促使呕吐，然后立即送医疗单位。

3）吸入气体中毒：吸入氯、氯化氢气体时，可吸入少量酒精和乙醚的混合物使之解毒。吸入硫化氢、一氧化碳气体而感不适，应立即到室外呼吸新鲜空气。但应注意氯、溴中毒不可进行人工呼吸，一氧化碳中毒不可施用兴奋剂。

（6）伤势较重者，应立即送医院治疗。为了对实验室意外事故进行紧急处理，实验室应配备有急救箱，常备药品清单：纱布、消毒棉、创可贴、橡皮膏、医用镊子、剪刀、烫伤膏、消炎粉、乙酸溶液（2％）、硼酸溶液（1％）、碳酸氢钠溶液（1％及饱和）、酒精、紫药水、碘酒等。

1.4　有机实验室常用仪器设备及装置

1.4.1　有机实验普通常用仪器

使用玻璃仪器都应轻拿轻放，除试管等少数外都不能直接用火加热。锥形瓶不耐压，不能作减压用。厚壁玻璃器皿（如抽滤瓶）不耐热，故不能加热。广口容器（如烧杯）不能储存有机溶剂。带活塞的玻璃器皿，用过洗涤后，在活塞与磨口间应垫上纸片，以防粘住。如已粘住可在磨口四周涂上润滑剂后，用电吹风吹热风，或用水煮后再轻敲塞子，使之松开。此外，不能用温度计做搅拌棒用，也不能用其测量超过刻度范围的温度。温度计用后要缓慢冷却，不可立即用冷水冲洗，以免炸裂。常用实验仪器见图1-1。

1.4.2　标准磨口玻璃仪器

在有机实验中还常用带有标准磨口的玻璃仪器，通过磨口组装仪器，既避免了发生溶剂溶解橡皮管或软木塞而漏气的情况，又使仪器安装简便、规范、气密性好。常用的一些标准磨口玻璃仪器见图1-2。

玻璃漏斗

锥形瓶　　抽滤瓶

布氏漏斗

烧杯

第一部分　有机化学实验的一般知识　·5·

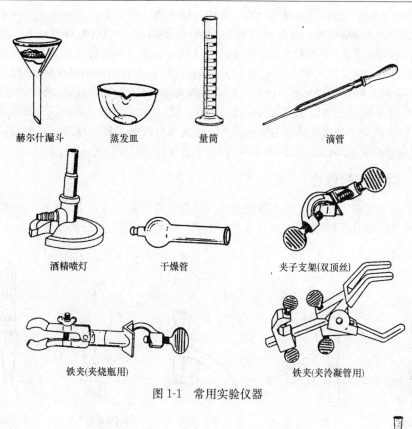

图 1-1　常用实验仪器

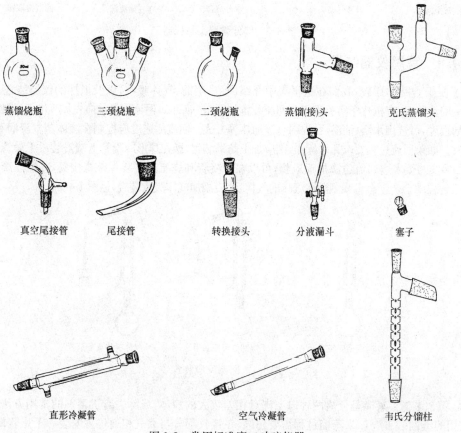

图 1-2　常用标准磨口玻璃仪器

标准磨口玻璃仪器一般可分多种组件套。常用的标准磨口最大端直径(mm)有 10、14、19、24、29、34、40、50 等多种。半微量仪器一般为 10 号和 14 号磨口,常量仪器磨口则在 19 号以上。磨口编号相同者可紧密相连,不同者可通过转换接头相连接,如 19/24 接头可将 24 号磨口和 19 号磨口连接起来。

使用标准磨口玻璃仪器时须注意:①磨口处必须洁净,若粘有固体杂物,则使磨口对接不致密,导致漏气。若杂物甚硬更会损坏磨口。②用后应拆卸洗净,否则若长期放置,磨口的连接处就会粘牢,难以拆开。③一般使用磨口无需涂润滑剂,以免污染反应物或产物。若反应中有强碱,则应涂润滑剂,以免磨口连接处遭碱腐蚀粘牢而无法拆开。④安装标准磨口玻璃仪器装置时应注意整齐、正确,使磨口连接处不受歪斜的应力,否则常易折断,尤其在加热时应力更大。

1.4.3 微型实验仪器

根据微型化学实验的特点,微型实验使用的仪器较常规实验仪器要小,大部分微型玻璃仪器和常量玻璃仪器形状相似,但也使用一些特殊的仪器,如 H 形分馏头、水分离器等。部分微型实验专用仪器见图 1-3。

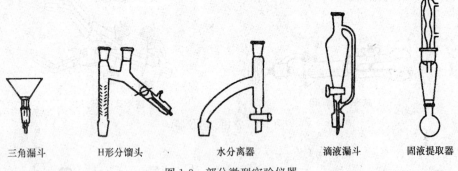

图 1-3 部分微型实验仪器

1.4.4 常用仪器装置

为了便于查阅和比较,我们在这里集中介绍回流、蒸馏、气体吸收,以及搅拌的仪器装置。

(1) 回流装置:有机化学实验常用的回流装置如图 1-4 所示。回流加热前应先加入沸石,根据瓶内液体沸腾的程度,可选用水浴、油浴、石棉网直接加热等方式。回流的速度应控制在液体蒸气浸润不超过两个球为宜。如果回流过程要求无水操作,则应加上防潮装置,即在球形冷凝管上端安装一干燥管,见图 1-4(2)。如果实验要求边回流边滴加反应物,可以在冷凝管和烧瓶间安装克莱森接头,并配以滴液漏斗。如果回流过程中会产生有毒或刺激性气味的气体,则应添加气体吸收装置,见图 1-4(3)。

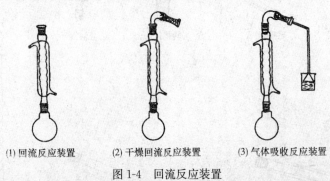

图 1-4 回流反应装置

(2) 蒸馏装置:蒸馏是分离两种以上沸点相差较大的液体,或除去有机溶剂的常用方法。图 1-5 是最常用的蒸馏装置。如果蒸馏过程需要防潮,在接收部分与大气相通位置安装一干燥管即可。如果蒸馏沸点在 140℃以上,则应改用空气冷凝管进行蒸馏,若使用直形冷凝管,通水后,可能会由于液体蒸气温度较高而使冷凝管炸裂。如果是为了蒸除较大量溶剂,那么可将温度计换成滴液漏斗。由于液体可自滴液漏斗中不断地加入,同时可调节滴入和滴出的速度,因此可避免使用较大的蒸馏瓶。

(3) 气体吸收装置:图1-6为气体吸收装置,用于吸收反应过程中生成的有刺激性和有毒的气体(例如氯化氢、二氧化硫等)。其中图1-6(1)和(2)可作少量气体的吸收装置。图1-6(1)中的玻璃漏斗应略微倾斜,使漏斗口一半在水中,一半在水面上。这样,既能防止气体逸出,亦可防止水被倒吸至反应瓶中。若反应过程中,有大量气体生成或气体逸出很快时,可使用图1-6(3)的装置。水自上端流入(可利用冷凝管流出的水)抽滤瓶,在恒定的水面上溢出,粗的玻璃管恰好伸入水面,被水封住,以防气体进入大气中。图中的粗玻璃管也可用Y形管代替。

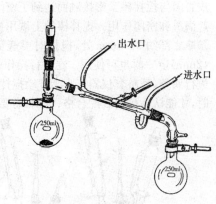

图 1-5 蒸馏装置

  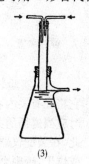

(1)　　　　　　(2)　　　　　　(3)

图 1-6 气体吸收装置

(4) 搅拌装置:搅拌是有机制备实验中常见的基本操作之一。反应在均相溶液中进行时,一般可以不需搅拌,因加热时溶液存在一定程度的对流,从而保持液体各部分均匀地受热。如果是在非均相反应或某些反应物需逐滴加入时,为了尽可能使其迅速均匀地混合,以避免因局部过热而导致其他副反应发生或有机物的分解,则需要进行搅拌。另外当反应物是固体,有时不搅拌可能会影响反应顺利地进行,也需要进行搅拌操作。

如果反应时间较短,反应物较少或加热温度不太高,反应物无较大气味,用人工搅拌或振摇容器,即可达到充分混合的目的。反之,则需用机械搅拌或磁力搅拌装置。

实验室中的机械搅拌装置通常包括电动搅拌器、搅拌棒、密封装置以及回流或蒸馏装置部分。电动搅拌器主要部件是具有活动夹头的小电动机和调速器,它们一般是固定在铁架台上,电动机带动搅拌棒起搅拌作用,变速器起调节搅拌快慢作用。

常见的搅拌装置部分见图1-7。图1-7中(1)是可进行搅拌、回流和自滴液漏斗中加入液体的实验装置。图1-7(2)装置还可同时测量反应时的温度。

搅拌棒通常由玻璃棒制成,式样很多,常用的见图1-8,其中(1)、(2)两种可以容易地用玻棒弯制,(3)较难制,(4)中半圆形搅拌叶可用聚四氟乙烯塑料制成。(3)和(4)优点是可以伸入狭颈的瓶中,且搅拌效果较好。(5)为筒形搅拌棒,适用于两相不混溶的体系,其优点是搅拌平稳,搅拌效果好。

密封装置主要是不让烧瓶中的反应物外逸而采取的密封措施。在图1-9中(1)是液体密封装置。常用的液体是液状石蜡、甘油或汞;但汞蒸气由于有毒,所以少用。图1-9中(2)是简易密封装置。其制作方法是:在三颈瓶的中口配置橡皮塞,并将其打孔(孔洞必须垂直且位于塞中央),插入长6~7cm,内径较搅拌棒略粗的玻璃管,取一段长约2cm,内径必须与搅拌棒紧密接触,弹性较好的橡皮管套于玻璃管上端,然后自玻璃管下端插入已制好的搅拌棒。这样,固定在玻璃管上端的橡皮管因与搅拌棒紧密接触而达到了密闭的效果。在搅拌棒和橡皮管之间滴入少量甘油,对搅拌棒可起润滑和密闭作用。搅拌棒的上端用橡皮管与固定在电动机轴上的一支短玻璃棒连接,下端接近三颈瓶底部约 3~5mm 处,搅拌时要避免搅拌棒与玻璃管相碰。这种简易密封装在一般减压(10~12mmHg*)时也可使用。在进行操作时应将中间瓶颈用铁夹夹紧,从仪器的正面和侧面仔细检查,进行调整,使整套仪器正直。开动搅拌器,试验运转情况。当搅拌棒和玻璃管间不发出摩擦的响声时,才能认为仪器装配合格;否则,需要再进行调整。

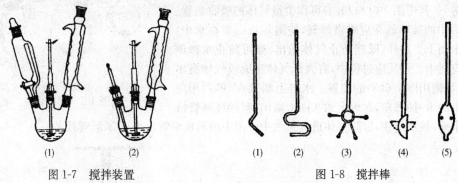

图 1-7 搅拌装置　　　　　图 1-8 搅拌棒

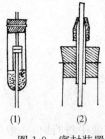

图 1-9 密封装置

(5) 实验装置的装配方法:对于不同的实验,其实验装置的装配是不同的,它将在有关内容中详述。在这里只是指出装配仪器的重要性,及装配各类仪器时应当遵循的共同要求。仪器装得正确与否,对实验的成败,有很大关系。因此,在装配仪器装置时,应该注意以下几点:①选用的玻璃仪器和配件都要洗净或烘干,否则会影响产品的质量或产量。②选用的仪器要恰当。例如,在需要加热的实验中,若需选用圆底烧瓶时,应选用坚固的,其容积大小应使所盛的反应物占其容积的 1/2 左右,最多不超过 2/3。③在装配仪器时,应首先选定主要仪器的位置,然后按照一定的顺序逐个地装配其他仪器。例如在装配蒸馏装置和加热回流装置时,应首先固定好蒸馏烧瓶和圆底烧瓶的位置。该位置应根据热源的高低而定,然后,用铁夹牢固地夹住,不宜太松或太紧。铁夹决不能与玻璃直接接触,而应套上橡皮管,贴上石棉垫或用石棉绳或绒布包扎起来。需要加热的仪器应夹住仪器受热最低的位置。冷凝管则应夹住其中央部分。④在装配常压下进行反应的仪器时,仪器装置必须与大气相通,决不能密闭;否则加热后,产生的气体或有机物的蒸气,在仪器内膨胀,会使压力增大,易引起爆炸。有些反应需进行无水操作,为避免空气中湿气的作用,有时在仪器和大气相通处,安装一个氯化钙干燥管。⑤仪器装配应严密、正确。这样可保证反应物不受损失,实验进行顺利,还可避免挥发性易燃液体的蒸气逸出容器外,造成着火或爆炸或中毒等事故。磨口仪器装配较易严密和正确,但一般采用橡皮塞连接仪器配件,则选用的塞子和塞孔的大小必须合适,才能严密和正确。⑥安装仪器时,一般是从左到右,从下到上。拆卸仪器时最好按安装时的方向相反的顺序,逐个地拆除。⑦在实验操作前,应仔细检查仪器装配得是否严密,有无错误;如有错误,应立刻改正。

1.4.5 常用仪器设备

(1) 电吹风:实验室中使用的电吹风,应可吹冷风和热风,供干燥玻璃仪器之用。

(2) 调压变压器:调压变压器是调节电源电压的一种装置,常用来调节加热电炉的温度,调整电动搅拌器的转速等,使用时应注意:

---

* 1mmHg=0.133kPa。

1) 电源应接到注明为输入端的接线柱上,输出端的接线柱与搅拌器或电炉等的导线连接,切勿接错。同时变压器应有良好的接地。

2) 调节旋钮时应当均匀缓慢,防止因剧烈摩擦而引起火花及炭刷接触点受损,如炭刷磨损较大时应予更换。

3) 不允许长期过载,以防止烧毁或缩短使用期。

4) 炭刷及绕线组接触表面应保持清洁,经常用软布抹涂炭尘。

5) 使用完毕后应将旋钮调回零位,并切断电源,放在干燥通风处,不得靠近有腐蚀性的物体。

(3) 电动搅拌器：电动搅拌器常在有机实验中作搅拌用,一般适用于油水等溶液,不适用于过黏的胶状溶液；若超负荷使用,很容易发热而烧毁。使用时必须接上地线。平时应注意经常保持清洁干燥,防潮防腐蚀。轴承应经常保持润滑,每月加润滑油一次。

(4) 磁力加热搅拌器：磁力加热搅拌器可同时进行加热与搅拌,特别适合微型实验。搅拌的产生是通过磁场的不断旋转变化来带动容器中搅拌磁子的转动,转速可用调速器调节。搅拌时,调速器旋钮应慢慢旋转,过快会使磁子脱离磁场而不停地跳动,这时应立即将旋钮调到停位,待磁子停止跳动后,再逐步加速。

(5) 烘箱：烘箱用以干燥玻璃仪器或烘干无腐蚀性、加热时不分解的药品。挥发性易燃烧或以乙醇、丙酮淋洗过的玻璃仪器,切勿放入烘箱内,以免发生爆炸。

烘箱使用说明：接上电源后,即可开启加热开关,再将控温旋钮由"0"位顺时针旋至一定程度(视烘箱型号而定),此时烘箱内即开始升温,红色指示灯发亮。若有鼓风机,可开启鼓风机开关,使鼓风机工作。当温度计升至工作温度时(由烘箱顶上温度计读数观察得知),即将控温器旋钮按逆时针方向旋回,旋至指示灯刚熄灭。在指示灯明灭交替处,即为恒温定点。一般干燥玻璃仪器时应先沥干,无水滴下时才放入烘箱,升温加热,将温度控制在 100~120℃。实验室中的烘箱是公用仪器,往烘箱里放玻璃仪器时,自上而下依次放入,以免残留的水滴流下,使已烘热的玻璃仪器炸裂。取出烘干后的仪器时,应用干布衬手,防止烫伤。取出后不能碰水,以防炸裂。取出后的热玻璃器皿,若任其自行冷却,则器壁常会凝上水气,可用电吹风吹入冷风助其冷却。

(6) 显微熔点仪和阿贝折光仪：二者将在后面有关章节详细介绍。

(7) 电子天平：电子天平是随着电子技术的发展而发展起来的一种新型称量工具,是光电天平的更新换代产品,具有操作方便、称量范围大、精确、稳定性好等特点。

1.5 仪器的清洗、干燥和保养方法

1.5.1 常用仪器的清洗

在进行实验时,为了避免杂质混入反应物中,必须用清洁的玻璃仪器。有机化学实验中,最简单而常用的清洗玻璃仪器的方法,是用长柄毛刷(试管刷)和去污粉刷洗器壁,直至玻璃表面的污物除去为止。最后再用自来水清洗。有时去污粉的微小粒子会黏附在玻璃器皿壁上,不易被水冲走。此时可用2%盐酸摇洗一次,再用自来水清洗。当仪器倒置,器壁不挂水珠时,即已洗净,可供一般实验需用。在某些实验中,当需要更洁净的仪器时,则可使用洗涤剂洗涤。若用于精制产品,或供有机分析用的仪器,则尚须用蒸馏水摇洗,以除去自来水冲洗时带入的杂质。

为了使清洗工作简便有效,最好在每次实验结束以后,立即清洗使用过的仪器。因为污物的性质在当时是清楚的,容易用合适的方法除去。例如已知瓶中残渣为碱性时,可用稀盐酸或稀硫酸溶解；反之,酸性残渣可用稀的氢氧化钠溶液除去。如已知残留物溶解于某常用的有机溶剂中,可用适量的该溶剂处理。当不清洁的仪器放置一段时间后,往往由于挥发性溶剂的逸去,使洗涤工作变得更加困难。若用过的仪器中有焦油状物,则应先用纸或去污粉擦去大部分焦状物后,再酌情用各种方法清洗。

必须反对盲目使用各种化学试剂和有机溶剂来清洗仪器。这样不仅造成浪费,而且还可能带来危险。

1.5.2 常用仪器的干燥

用于有机化学实验的玻璃仪器,除需要洗净外,常常还需要干燥。仪器的干燥与否,有时甚至是实验成败的关键。一般将洗净的仪器倒置一段时间后,若没有水迹,即可使用。有些实验须严格要求无水,否则阻碍反应正常进行。干燥玻璃仪器的方法有下列几种:

(1) 自然风干:自然风干是指把已洗净的仪器(洗净的标志是:玻璃仪器的器壁上不应附着不溶物或油污,装着水把它倒过来,水顺着器壁流下,器壁上只留下一层既薄又均匀的水膜,不挂水珠)放在干燥架上自然风干。这是常用且简单的方法。但必须注意:如玻璃仪器洗得不够干净,水珠不易流下,干燥较为缓慢,干后留有污迹。

(2) 烘干:把玻璃仪器放入烘箱内烘干,仪器口向上。带有磨砂口玻璃塞的仪器,必须取出活塞再烘干。烘箱内的温度保持在 100~155℃ 片刻即可。当把已烘干的玻璃仪器拿出来时,最好先在烘箱内降至室温后才取出,切不可让很热的玻璃仪器沾上冷水,以免破裂。

(3) 吹干:用气流烘干机,或用吹风机把仪器吹干。

(4) 有机溶剂干燥:急用时可用有机溶剂助干,即往仪器内依次注入少量乙醇、乙醚,然后转动仪器让溶剂在内壁流动,全部润湿后倒出,再用电吹风吹干以达到快干的目的。

1.5.3 常用仪器的保养方法

有机化学实验的各种玻璃仪器的性质是不同的,必须掌握它们的性能、保养和洗涤方法,才能正确使用,提高实验效果,避免不必要的损失。下面介绍几种常用的玻璃仪器的保养和清洗方法。

(1) 温度计:温度计汞球部位的玻璃很薄,容易打破,使用时要特别留心。不能用温度计当搅拌棒使用,不能测定超过温度计的最高刻度的温度,亦不能把温度计长时间放在高温的溶剂中;否则,会使汞球变形,导致读数不准。

温度计用后要让它慢慢冷却,特别在测量高温之后,切不可立即用水冲洗;否则会破裂或水银柱断裂开。应悬挂在铁座架上,待冷却后把它洗净抹干、放回温度计盒内,盒底要垫上一小块棉花。如果是纸盒,放回温度计时要检查盒底是否完好。

(2) 冷凝管:冷凝管通水后较重,所以装冷凝管时应将夹子夹紧在冷凝管重心的地方,以免翻倒。如内外管都是玻璃质的,则不适用于高温蒸馏用。

洗刷冷凝管时要用长毛刷,如用洗涤液或有机溶液洗涤时,用软木塞塞住一端。

不用时,应直立放置,使之易干。

(3) 分液漏斗:分液漏斗的活塞和盖子都是磨砂口的,若非原配,就可能不严密。所以,使用时要注意保护它,各个分液漏斗之间也不要互相调换,用后一定要在活塞和盖子的磨口间垫上纸片,以免长时间放置后难以打开。

1.6 实验预习、记录和实验报告

1.6.1 实验预习

有机化学实验课是一门带有综合性的理论联系实际的课程,同时,也是培养学生独立工作能力的重要环节,因此,要达到实验的预期效果,必须在实验前认真地预习好有关实验内容,做好实验前的准备工作。

实验前的预习,归结起来是看、查、写。

看:仔细地阅读与本次实验有关的全部内容,不能有丝毫的马虎和遗漏。

查:通过查阅手册和有关资料来了解实验中要用到或可能出现的化合物的性质和物理常数。

写:在看和查的基础上认真地写好预习笔记。每个学生都应准备一本实验预习笔记本和记录本。

预习笔记的具体要求是:

(1) 实验目的和要求,实验原理和反应式(正反应,主要副反应)。需用的仪器和装置的名称及性能、溶液浓度和配制方法,主要试剂和产物的物理常数。主要试剂的规格用量(g,ml,mol)都要一一写在预习笔记本上,合成实验要先计算出理论产量。

(2) 阅读实验内容后,根据实验内容用自己的语言正确地写出简明的实验步骤(不是照抄!),关键之处应加注明。步骤中的文字可用符号简化。例如化合物只写分子式;克用"g",毫升用"ml",加热用"△",加用"+",沉淀用"↓",气体逸出用"↑",仪器以示性图代之。这样在实验前已形成了一个工作提纲,实验时按此提纲进行。

(3) 合成实验,应列出粗产物纯化过程及原理。

(4) 对于将要做的实验中可能会出现的问题(包括安全和实验结果)要写出防范措施和解决办法。

1.6.2 实验记录

实验时应认真操作,仔细观察,积极思考,并且应不断地将观察到的实验现象及测得的各种数据及时如实地记录在记录本上。记录必须做到简明、扼要,字迹整洁。实验完毕后,将实验记录交教师审阅。产物应盛于样品瓶中,贴好标签。

1.6.3 实验报告

实验报告是总结实验进行的情况,分析实验中出现的问题,整理归纳实验结果必不可少的基本环节。是把直接的感性认识提高到理性思维阶段的必要一步。因此必须认真地写好实验报告。实验报告的格式如下:

(1) 性质实验报告:

   实验   (题目)

一、实验目的和要求

二、实验原理

三、操作记录

步骤	现象	解释和反应式

四、讨论

(2) 合成实验报告:

   实验   (题目)

一、实验目的和要求

二、反应式

三、主要试剂规格及物理常数

四、实验步骤及现象

步骤	现象

五、粗产物纯化过程及原理
六、产率计算
七、问题讨论

1.6.4 实验产率的计算

有机化学反应中,理论产量是根据反应方程式,当原料全部转化为产物时计算出来的;而实际产量为经过合成、分离、纯化过程后,实际获得的纯产物的量。百分产率是指实际产量和计算出的理论产量的比值,即:

$$百分产率 = \frac{实际产量}{理论产量} \times 100\%$$

例:用 20g 环己醇和催化用的硫酸一起加热时,可得 12g 环己烯,试计算它的百分产率。

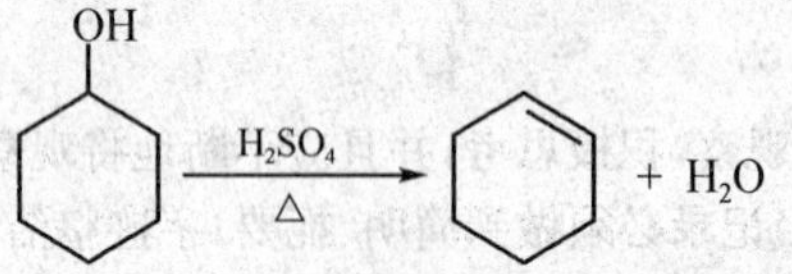

环己醇 (分子量:100) $\xrightarrow[\Delta]{H_2SO_4}$ 环己烯 (82) + H_2O

根据化学反应式,1mol 环己醇能生成 1mol 环己烯,今用 20g 即 20/100=0.2mol 环己醇,理论上应得到 0.2mol 环己烯,理论产量为 0.2×82=16.4g,但实际产量为 12g,所以百分产率为:

$$\frac{12}{16.4} \times 100\% = 73\%$$

在有机化学实验中,产率通常不可能达到理论值,这是由于下面一些因素影响所致:
(1) 可逆反应。在一定的实验条件下化学反应建立了平衡,反应物不可能完全转化成产物。
(2) 有机化学反应比较复杂,在发生主要反应的同时,一部分原料消耗在副反应中。
(3) 分离和纯化过程中所引起的损失。

为了提高产率,常常增加某一反应物的用量。究竟选择哪一个试剂过量,要根据有机化学反应的实际情况、反应的特点、各试剂的相对价格、在反应后是否易于除去,以及对减少副反应是否有利等因素来决定。下面是这种情况下计算产率的一个实例:

用 12.2g 苯甲酸,35ml 乙醇和 4ml 浓硫酸一起回流,制得苯甲酸乙酯 12g。这里,浓硫酸是这个酯化反应的催化剂。

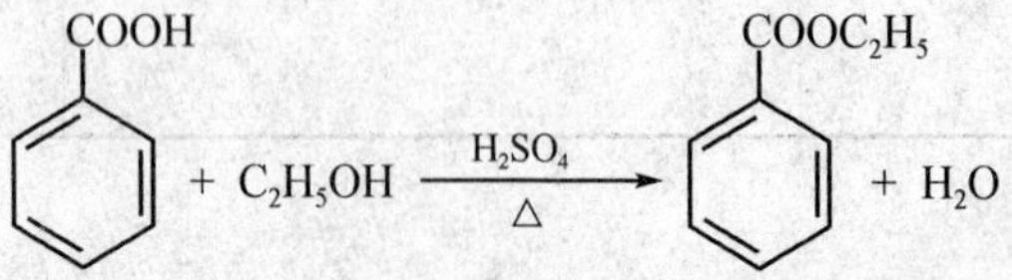

苯甲酸(COOH) + C_2H_5OH $\xrightarrow[\Delta]{H_2SO_4}$ 苯甲酸乙酯($COOC_2H_5$) + H_2O

分子量: 122　　46　　　　　　　　　150
　　　　12.2g　26.6g
　　　　(0.1mol)　(0.58mol)

从反应方程式中各物料的摩尔比,很容易看出乙醇是过量的,故理论产量应根据苯甲酸来计算。0.1mol 苯甲酸理论上产生 0.1mol 即 0.1×150=15g 苯甲酸乙酯,百分产率为:

$$\frac{12}{15} \times 100\% = 80\%$$

1.7 有机化学文献资料

有关有机化学的文献资料非常多,现作简单介绍:

1.7.1 工具书

(1) *Handbook of Chemistry and Physics*:这是美国化学橡胶公司出版的一本化学与物理手册(英文)。它出版于 1913 年,至 1990 年已经出版 70 版。该书内容分六个方面:数学用表、元素和无机化合物、有机化合物、普通化学、普通物理常数和其他。

在"有机化学"部分,列举了 15031 条常见有机化合物的物理常数,并按照有机化合物英文名字的字母顺序排列。查阅时可以根据英文名称,也可以根据该书提供的分子式索引(Formula Index)进行查找。

(2) Merck 索引:该书是美国 Merck 公司出版的一本辞典,出版于 1889 年,1989 年经修订出版第 11 版。它主要介绍了有机化合物和药物,共收集了 1 万余种化合物的性质、制法和用途,并提供了分子式索引和主题索引。

(3) *Handbook der Organischen Chemie*(Beilstein):该书一般称为贝尔斯坦有机化学大全,内容较全面,提供了有关化合物的来源、制备方法、物理性质、化学性质、生理作用、用途和分析方法等,并附有原始文献资料的出处。全书共分 31 卷,分正编、第Ⅰ补编~第Ⅴ补编。该书可根据其编排原则进行查找,也可根据分子式索引或主题索引进行查找。

(4) 化工辞典(第四版)(化学工业出版社,2000 年出版):这是一本综合性的化工工具书,收集了有关化学、化工名词 16000 余条,列出了物质名称的分子式、结构式,基本的物理化学性质和有关数据,并有简要的制法和用途说明。

1.7.2 期刊杂志

(1) 中文期刊:中文期刊与化学有关的非常多,重要的有:《中国科学》、《化学学报》、《化学通报》、《高等学校化学学报》、《有机化学》等。

(2) 英文期刊:英文期刊与化学有关的也非常多,主要有:*J. Chem. Soc.*、*J. Am. Chem. Soc.*、*J. Org. Chem.*、*Chemical Reviews*、*Tetrahedron* 等。

1.7.3 化学文摘

化学文摘是将大量的、分散的各种文字的文献加以收集、摘录、分类整理而出版的一种期刊。在众多的文摘性刊物中以美国化学文摘(Chemical Abstrcts,简称 CA)最重要。CA 创刊于 1907 年,现在每年出两卷,每周一期。CA 的索引系统比较完善。有期索引、卷索引,每十卷有累积索引。累积索引主要有分子式索引(Formula Index)、化学物质索引(Chemical Substance Index)、普通主题索引(General Subject Index)、作者索引(Author Index)、专利索引(Patent Index)等。

1.7.4 网上资源

由于互联网技术的迅速发展,从网上查找有关资料变得非常方便、迅速。从网上获取化学信息的途径很多,这里只作简单的介绍。

(1) 网上图书馆:Internet 上的图书馆是获取图书、杂志资料的重要途径之一。例如:

中国国家图书馆:http://www.nlc.gov.cn;

清华大学图书馆:http://www.lib.tsinghua.edu.cn;

北京大学图书馆:http://www.lib.pku.edu.cn/等。

(2) 中国知网:http://www.chinajournal.net.cn/;

(3) 专利文献：
IBM Intellectual Property And Licensing：http://www.ibm.com/ibm/licensing；
中国专利信息网：http://www.patent.com.cn/等。

(4) 数据库资源：有关化学信息数据库中，化学结构数据库占有很高的比例，但也不乏一些范围较小的专业数据库，例如：
有机化合物数据库：http://www.colby.edu/chemistry/cmp/cmp.html；
化合物基本性质数据库：http://chembiofinderbeta.cambridgesoft.com/；
上海有机化学研究所化学专业数据库：http://202.127.145.134/default.htm 等。

网络中有些资源可免费查阅，而有些资源的使用则需收费。

第二部分 有机化学实验的基本操作

2.1 玻璃工操作及塞子的配制

2.1.1 玻璃工操作

有机化学实验中有些玻璃用品,需要自己动手加工制作。如熔点管、减压蒸馏的毛细管、气体吸收和水蒸气蒸馏的弯管等,因此较熟练地掌握玻璃工基本操作,是实验室工作中的重要手段之一。

2.1.1.1 玻璃管(棒)的清洗、干燥和切割

需要加工的玻璃管(棒)均应清洁和干燥。制备熔点管的玻璃管必须先用洗液浸泡,再用自来水冲洗和蒸馏水清洗、干燥,然后方能加工。

常用玻璃管(棒)的切割:取直径为 0.5~1cm 的玻璃管(棒),用锉刀(三角锉、扁锉)的边棱或小砂轮在需要切割的位置上朝一个方向锉一稍深的锉痕,不可来回乱锉,否则不但锉痕多,使锉刀和小砂轮变钝,而且断裂面不平整。然后两手握住玻璃管(棒),以大拇指顶住锉痕的背后,轻轻向前推同时朝两边拉,玻璃管(棒)即平整断裂,见图 2-1。为了安全起见,推拉时应离眼睛稍远一些,或在锉痕的两边包上布再折断。

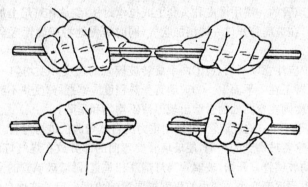

图 2-1 玻璃管(棒)的折断

较粗的玻璃管(棒),采取上述方法处理较难断裂,可利用玻璃管骤然受强热或骤然遇冷易裂的性质,采用下列两种方法:一是将一根末端拉细的玻璃管(棒)在煤气灯焰上加热至白炽,使成珠状,立即压触到用水滴湿的粗玻璃管(棒)的锉痕处,锉痕因骤然受强热而裂开。另一方法是使用电阻丝,将一段电阻丝的两端与两根导线连接,电阻丝绕成一圆圈套在玻璃管的锉痕处(应贴紧玻璃管),导线两端再接上变压器,接通电流,慢慢升高电压至电阻丝呈亮红色,稍待一会切断电源后再用滴管滴水至锉痕处,使其骤冷自行裂开。裂开的玻璃管(棒)边沿很锋利,容易割破皮肤、橡皮管或塞子,必须在灯焰上烧熔使之光滑。

将玻璃管(棒)呈 45°倾斜在氧化焰边沿处,边烧边转动,直烧到平滑即可。不可烧得过久,以免管口缩小。

2.1.1.2 玻璃管(棒)的弯曲

玻璃管(棒)受热变软即可弯曲成实验中所需要的部件。但当弯曲玻璃管时,管的一面要收缩,

另一面则要伸长。收缩的面易使管壁变厚,伸长处易使管壁变薄,操之过急或不得法,弯曲处会出现瘪陷或纠结现象。若将收缩和伸长协调起来,玻璃管的弯曲部分和非弯曲部分的管径粗细接近一致,可按下面具体操作进行。

将玻璃管在鱼尾灯头或大头喷灯的氧化焰中加热,见图 2-2(1)。受热长度约 5cm,一边加热,一边缓慢转动使玻璃管受热均匀。当玻璃管加热至黄红色开始软化时即移出火焰(切不可在灯焰上弯玻璃管),两手水平持着轻轻着力,顺势弯曲至所需要的角度,见图 2-2(2),注意不可用力过猛,否则在弯曲的位置易出现瘪陷或纠结。如果弯成较小角度,则需要按上法分几次弯,每次弯一定的角度后,再次加热的位置应稍有偏移,用累积的方式达到所需的角度。弯好的玻璃管应在同一平面上,见图 2-2(3)。

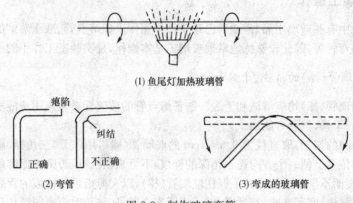

图 2-2 制作玻璃弯管

另一种方法,将玻璃管的一端用橡皮乳头套上或拉丝封住,斜放在灯焰上加热,均匀转动至玻璃管发黄变软,移出灯焰,在玻璃管开口一端稍加吹气,同时缓慢地将玻璃管弯至所需的角度,两个动作应配合好。

弯玻璃管的操作中应注意以下两点:①两手旋转玻璃管的速度必须均匀一致,否则弯成的玻璃管会出现歪扭,致使两臂不在一平面上。②玻璃管受热程度应掌握好,受热不够则不易弯曲,容易出现纠结和瘪陷,受热过度则在弯曲处的管壁出现厚薄不均匀和瘪陷。

对于管径不大(小于 7mm)的玻璃管,可采用重力的自然弯曲法进行弯管。其操作方法:取一段适当长的玻璃管,一手拿着玻璃管的一端,使玻璃管要弯曲的部分放在煤气灯的最外层火焰上加热(火不宜太大!),不转动玻璃管。开始,玻璃管与灯焰互相垂直,随着玻璃管的慢慢自然弯曲,玻璃管手拿端与灯焰的交角也要逐渐变小。变小的程度视要弯的角度而定。这种自然弯曲的特点是不转动,比较容易掌握。但由于弯时与灯焰的交角不可能很小,而限制了可弯的最小角度,一般只能是 45°左右。用此法弯管有三点必须注意:第一,玻璃管受热段的长度要适当长点;第二,火不宜太大,弯速不要太快;第三,玻璃管成角的两端与煤气灯焰必须始终保持在同一平面。

加工后的玻璃管(棒)均应及时进行退火处理,退火方法是趁热在弱火焰中加热一会,然后将其慢慢移出火焰,再放在石棉网上冷却到室温。如果不进行退火处理,玻璃管(棒)内部会因骤冷而产生很大的应力,使玻璃管(棒)断裂。即使不立即断裂,过后也可能断裂。

2.1.1.3 拉玻璃管

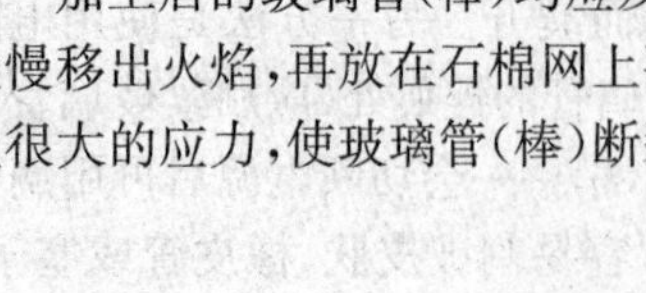

将玻璃管外围用干布擦净,先用小火烘,然后再加大火焰(防止发生爆裂,每次加热玻璃管、棒时都应如此)并不断转动。一般习惯用左手握玻璃管转动,右手托住。如图 2-3 所示。转动时玻璃管不要上下前后移动。在玻璃管略微变软时,托玻璃管的右手也要以大致相同的速度向玻璃管作用方向(同轴)转动,以免玻璃

图 2-3 拉玻璃管

管扭曲起来。当玻璃管发黄变软后,即可从火焰中取出,拉成需要的细度。在拉玻璃管时两手的握法和加热时相同,但应使玻璃管倾斜,右手稍高,两手作同方向旋转,边拉边转动,拉好后两手不能马上松开,尚需继续转动,直至完全变硬后,由一手垂直提置,另一手在上端拉细的适当地方折断,粗端烫手,置于石棉网上(切不可直接放在实验台上!)。另一端也如上法处理,然后再将细管割断。拉出来的细管子要求和原来的玻璃管在同一轴上,不能歪斜,否则要重新拉。这种工作又称拉丝。通过拉丝能熟练掌握熔融玻璃管的转动操作和掌握玻璃管熔融的火候。这两点是做好玻璃工操作的关键。应用这一操作能顺利地将玻璃管制成合格的滴管,如果转动时玻璃管上下移动,这样由于受热不均匀,拉成的滴管不会对称于中心轴。另外,在拉玻璃管时两手也要作同方向转动,不然加热虽然均匀,由于拉时用力不当,也不会是非常均匀的,见图2-4。

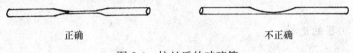

正确　　　　　　　　　　　不正确

图 2-4　拉丝后的玻璃管

2.1.1.4　制备熔点管及沸点管

取一根清洁干燥的,直径为1cm、壁厚1mm左右的玻璃管,放在灯焰上加热。火焰由小到大,不断转动玻璃管,烧至发黄变软,然后从火中取出,此时两手改为同时握玻璃管作同方向来回旋转,水平地向两边拉开,见图2-5。

图 2-5　拉测熔点用毛细管

开始拉时要慢些,然后再较快地拉长,使之成内径为1mm左右的毛细管,如果烧得软,拉得均匀,就可以截取很长的一段所需内径的毛细管,然后将内径1mm左右的毛细管截成长为15cm左右的小段,两端都用小火封闭(封时将毛细管呈45°角在小火的边沿处一边转动,一边加热),冷却后放置在试管内,准备以后测熔点用。使用时只要将毛细管从中央割断,即得两根熔点管。

用上法拉内径3～4mm的毛细管,截成长7～8cm,一端用小火封闭作为沸点管的外管。另将熔点管截成4～5cm长一根,封闭一端,以此作为沸点管的内管,两者一起组成了微量法测沸点管,见图2-6。

2.1.2　塞子的配置

塞子是有机实验中不可缺少的连接和密封的配件,即使全部使用磨口仪器,也少不了要用到一些塞子。实验室中常用的塞子有软木塞和橡皮塞,橡皮塞遇到有机溶剂易溶胀,且在高温下易变形。因此,通常使用软木塞。但在要求密封的实验中,如减压过滤(蒸馏)等就必须使用橡皮塞,以防漏气。

2.1.2.1　塞子的选择

选用的软木塞,其表面不要有裂纹和深洞,大小应与瓶口或管口相匹配,不然有漏气的危险。由于软木塞内部疏密不均,常用软木塞滚压器将塞子逐步压紧,橡皮塞和经过压塞器压紧后的软木塞进入瓶颈的部分一般不少于塞子高度的1/3,不多于2/3为宜(图2-7)。

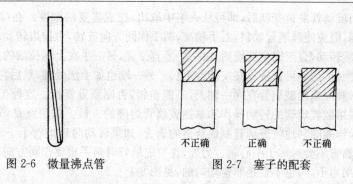

图 2-6 微量沸点管　　　图 2-7 塞子的配套

2.1.2.2 钻孔器的选择

有机化学实验往往需要在塞子内插入导气管、温度计、滴液漏斗等,这就需要在塞子上钻孔,钻孔用的工具叫做钻孔器(也叫做打孔器),这种钻孔器是靠手力钻孔的(图 2-8)。也有把钻孔器固定在简单的机械上,借此机械力来钻孔的,这种工具叫打孔机。每套钻孔器有五六支直径不同的钻嘴,以供选择。

若在软木塞上钻孔,就应选用比欲插入的玻璃管等的外径稍小或接近的钻嘴。若在橡皮塞上钻孔,则要选用比欲插入的玻璃管的外径稍大的钻嘴,因为橡皮塞有弹性,钻成后会收缩,使孔径变小。

图 2-8 钻孔器和塞子的钻孔

总之,塞子孔径的大小,应使插入的玻璃管等能紧密地贴合固定为度。

2.1.2.3 钻孔的方法

软木塞在钻孔之前,需用压塞器压紧,防止在钻孔时塞子破裂。如图 2-8 所示,把塞子小的一端朝上,平放在桌面的一块木板上,这块木板的作用是避免当塞子被钻通后,钻坏桌面。钻孔时,左手握紧塞子平稳放在木板上,右手持钻孔器的柄,在选定的位置,使劲地将钻孔器以顺时针的方向向下钻动,使钻孔器垂直于塞子的平面,不能左右摆动,更不能倾斜。不然,钻得的孔道是偏斜的。等到钻至约塞子的一半时,按逆时针旋转取出钻嘴,用钻杆通出钻嘴中的塞芯。然后在塞子大的一面钻孔,要对准小头的孔位,以上述同样的操作钻孔至钻通。拔出钻嘴,通出钻嘴内的塞芯。为了减少钻孔时的摩擦,特别是对橡皮塞钻孔时,可在钻嘴的刀口搽一些凡士林。

钻孔后,要检查孔道是否合用,如果不费力就能把玻璃管插入时,说明孔道过大,玻璃管和塞子之间贴合不够紧密漏气,不能用。若孔道略小或不光滑时,可用圆锉修整。

每次实验后应将所配好用过的塞子洗净,干燥,保存备用。

2.1.2.4 使用玻璃旋塞应注意的事项

在实验室中经常使用具有玻璃旋塞的各种仪器,如各种具塞漏斗、滴定管等。有机化学实验中常使用的磨口仪器,有时由于保养不善而打不开,用力扭容易破碎且易割伤手,因此使用时应注意保养。具体办法是:①标准磨口仪器使用后应立即拆卸,接触油类物质的玻璃旋塞用后必须立即擦洗干净,以免黏结。洗净后在磨口与玻璃旋塞之间衬垫一张小纸条;②磨口玻璃塞不能用去污粉刷洗,因为用去污粉刷洗对磨口精密度有损害,影响密封,应以脱脂棉沾少量回收的乙醇、丙醇、乙醚等有机溶剂擦洗或用洗液浸泡后以自来水冲洗;③有时使用的玻璃磨口应涂上旋塞油或真空油脂,油不宜涂得过多,涂油后转动旋塞或磨口使仪器润滑,注意轻开轻关,不要用力过猛;④玻璃塞和磨口之间如有细灰尘等,不要用力转动,以免磨损影响密封;⑤烘干具有玻璃塞的仪器时,应取下玻璃塞,以免因受热不均匀而引起破裂。

实验室使用玻璃仪器,经常发现旋塞或磨口塞打不开。根据不同情况宜采用以下方法:①油状物粘住旋塞,一般可微微加热,如用电吹风或放入水浴内慢慢加热,使油状物熔化,切勿直接用火加热,以免仪器炸裂,待油状物熔化后,用木棒轻轻敲打塞子。有些因长时间不用,尘土附在磨口塞上时,可将它浸入水中几小时以泡去尘土。②碱性物质凝结,可在磨口处滴稀盐酸或放入水中煮沸,然后用木棒轻轻敲打塞子,切不可用铁器敲打。

2.2 熔点测定及温度计校正

通常认为固体化合物当受热达到一定的温度时,即由固态转变为液态,这时的温度就是该化合物的熔点。严格的定义应为固-液两态在大气压力下达到平衡状态时的温度。对于纯粹的有机化合物,一般都有固定熔点。即在一定压力下,固-液两相之间的变化都是非常敏锐的,初熔至全熔的温度不超过 0.5~1℃(熔点范围称熔距或熔程)。如混有杂质则其熔点下降,且熔距也较长。以此可鉴定纯粹的固体有机化合物,具有很大的实用价值。根据熔距的长短又可定性地估计出该化合物的纯度。

2.2.1 基本原理

将某一化合物使固-液两相处于同一容器,在一定温度和压力下,这时可能发生三种情况:固相迅速转化为液相即固体液化;液相迅速转化为固相即液体固化;固-液两相同时并存。如何决定在某一温度时哪一种情况占优势,可以从该化合物的蒸气压与温度的曲线图来判断。

图 2-9(1)表示固体的蒸气压随温度升高而增大的曲线。图 2-9(2)表示液态物质的蒸气压-温度曲线。如将图 2-9(1)、(2)曲线加合,即得图 2-9(3)曲线。固相的蒸气压随温度的变化速率比相应的液相大,最后两曲线相交,在交叉点 M 处(只能在此温度时)固-液两相可同时并存,此时温度 T_M 即为该化合物的熔点。当温度高于 T_M 时,这时固相的蒸气压已较液相的蒸气压大,使所有的固相全部转化为液相;若低于 T_M 时,则由液相转变为固相;只有当温度为 T_M 时,固-液两相的蒸气压才是一致的,此时固-液两相可同时并存,这是纯粹有机化合物有固定而又敏锐熔点的原因。当温度超过 T_M 时,甚至很小的变化,如有足够的时间,固体就可以全部转变为液体。所以要精确测定熔点,在接近熔点时加热速度一定要慢,每分钟温度升高不能超过 1~2℃,只有这样才能使整个熔化过程尽可能接近于两相平衡的条件。

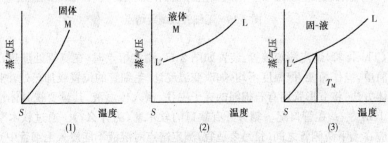

图 2-9 化合物的温度与蒸气压曲线

通常将熔点相同的两种化合物混合后测定熔点,如仍为原来熔点,即认为两化合物相同(形成固熔体除外)。如熔点下降则此两化合物不相同。具体做法:将两个试样以 1:9、1:1、9:1 不同比例混合,与原来未混合的试样分别装入熔点管,同时测熔点,以测得的结果相比较。但也有两种熔点相同的不同化合物混合后熔点并不降低反而升高。混合熔点的测定虽然有少数例外,但对于鉴定有机化合物仍有很大的实用价值。

2.2.2 测定方法

熔点测定对有机化名物的研究具有很大实用价值,如何测出准确的熔点是一个重要问题,目前测定熔点的方法,以毛细管法较为简便,应用也较广泛。放大镜式的微量熔点测定法在加热过程中可观察到晶形变化的情况,且适用于测定高熔点微量化合物,现分别介绍于后:

2.2.2.1 毛细管法

(1) 熔点管的制备:通常用内径约 1mm、长约 60~70mm、一端封闭的毛细管作为熔点管。

(2) 试样的装入:放少许(约 0.1g)待测熔点的干燥试样于干净的表面皿上,研成很细的粉末,堆积在一起,将熔点管开口一端向下插入粉末中,然后将熔点管开口一端朝上轻轻在桌面上敲击,或取一支长约 30~40cm 的干净玻璃管,垂直于表面皿上,将熔点管从玻璃管上端自由落下,以便粉末试样装填紧密,装入的试样如有空隙则传热不均匀,影响测定结果。上述操作需重复数次,直至样品的高度约 2~3mm 为止。黏附于管外的粉末须拭去,以免污染加热浴液。

(3) 测定熔点的装置:测定熔点的装置甚多,现将实验中常用的简介如下:

1) 烧杯式熔点测定装置:将烧杯放在石棉网上,倒入传温液,其量不超过烧杯体积的 2/3,将装有样品的毛细管(长 7cm,当用温度计浸入传温液在 4cm 以上时,管长应适当增加,使露出液面 30mm 以上)附着于温度计上,位置使毛细管内的样品在温度计汞球的中部,温度计的顶端插入软木塞中,此塞用夹子夹住,使温度计的汞球底端与烧杯底部距离 2.5cm,并置立于烧杯的中心处,搅拌棒在上下搅拌时,不要触及温度计和毛细管,装置如图 2-10。

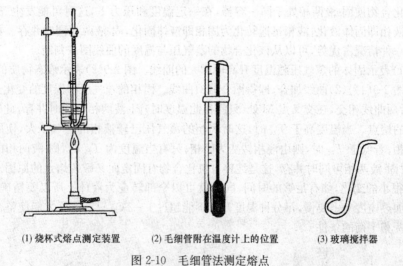

(1) 烧杯式熔点测定装置　　(2) 毛细管附在温度计上的位置　　(3) 玻璃搅拌器

图 2-10　毛细管法测定熔点

2) b 形管(Thiele 管)熔点测定装置:装置如图 2-11,测定熔点时,在侧管处加热,利用溶液对流而传温。构造简单,操作简便,但温度不均,如改变温度计、毛细管的位置或加热处,测得的熔点就有显著差异。具体方法:将 b 形管用有石棉绳的夹子夹住,倒入传温液,其量要视具体情况而定,一般在上侧管之上 1cm 左右,在管口配一侧旁开有缺口的软木塞(为什么?)。通过软木塞插入温度计,温度计的汞球应在上下两侧管之间(长短要适宜,测定熔点时溶液不能浸入毛细管中)。

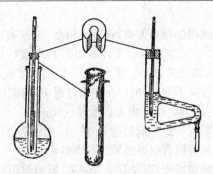

图 2-11　双浴式熔点测定装置　　图 2-12　b形管熔点测定装置

3) 双浴式熔点测定装置:装置如图 2-12 分为内外二浴。测定熔点时加热盛有传温液的外浴,内浴一般不放传温液,利用空气做热浴。

具体方法:从外浴的出口管倒入传温液,其量为管长的 1/2~2/3,将仪器放在石棉网(中心部已挖出)的铁圈上,上面用包有石棉绳的夹子夹住。在内浴的管口配一有缺口的软木塞,通过软木塞插入温度计,温度计的汞球应达到仪器的球状体的中上部,装有样品的毛细管附着在温度计的前方。

(4) 传温液:熔点 80℃以下的用蒸馏水;熔点 200℃以下的用液状石蜡、纯浓硫酸和磷酸;熔点在 200~300℃用 H_2SO_4 和 K_2SO_4(7:3)的混合液,配制时加热 5~10 分钟待固体溶解成一均匀混合物,冷时成半固体或固体。此外,甘油、苯二甲酸二丁酯、硅油等也可以采用。

(5) 熔点的测定:前述准备工作完毕,在充足的光线下进行操作。用小火缓缓加热,约每分钟升高 3℃,在较规定的熔点低限低 10℃时,再减低火力使温度每分钟上升 1~2℃,熔点以下的最后 1℃的加热时间应控制为 2~3 分钟,至样品熔融即得。

测定已知熔点的样品,应先将传温液加热,等温度上升至比规定的熔点尚低约 30℃时将装有样品的毛细管贴附在温度计上,浸入传温液中,继续加热测定熔点。

测未知熔点的样品,一般是先以较快的速度加热,测出样品的粗略熔点,作为参考。待传温液的温度下降约 30℃后,换置第二根毛细管,用小火加热,再精确测定。

待毛细管内局部开始液化,为初熔温度;全部液化的温度为全熔温度。两个温度都记录下来,即为该化合物的熔距。

熔点测定,至少要有两次的重复数据。每一次测定必须用新的熔点管另装试样,不得将已测过熔点的熔点管冷却,使其中试样固化后再做第二次测定。因为有时某些化合物部分分解,有些经加热会转变为具有不同熔点的其他结晶形式。

(6) 特殊试样熔点的测定:

1) 易升华的化合物:装好试样将上端也封闭起来,熔点管全部浸入加热液中,因为压力对于熔点影响不大,所以用封闭的毛细管测定熔点其影响可忽略不计。

2) 易吸潮的化合物:装样动作要快,装好后立即将上端在小火上加热封闭,以免在测定熔点的过程中,试样吸潮使熔点降低。

3) 易分解的化合物:有的化合物遇热时常易分解,如产生气体、碳化、变色等。由于分解产物的生成,使化合物混入一些分解产物的杂质,熔点会有所下降。分解产物生成的多少与加热时间的长短有关,因此,测定易分解样品,其熔点与加热快慢有关,如将酪氨酸慢慢升温,测得熔点为 280℃,快速加热测得的熔点为 314~318℃。硫脲的熔点,缓慢加热为 167~172℃,快速加热则为 180℃。为了能重复测得熔点,对易分解的化合物熔点的测定,常需要做较详细的说明,用括号注明"分解"。

4) 低熔点(室温以下)的化合物:将装有试样的熔点管与温度计一起冷却,使试样结成固体,将熔点管与温度计再一起移至一个冷却到同样低温的双套管中,撤去冷却浴,容器内温度慢慢上升,观察熔点。

(7) 注意事项：

1) 加热速度太快，往往使测得的熔点偏高，有时能相差2℃左右，所以要严格控制升温速度。

2) 倘若传温液温度很高（200℃左右），温度计取出后其水银柱就急速下降，有时中断成数段。为了避免温度计受损坏，应待传温液的温度下降至100℃以下后才能取出温度计。

3) 买来的温度计，其刻度可能不准；温度计在使用过程中，周期性的加热与冷却，也会导致温度计零点的变动。所以测定熔点用的温度计，事先必须经过校正。

4) 用浓硫酸作传温液时，温度一定不能超过250℃，以免引起爆炸，操作者最好戴上护目眼镜。

5) 毛细管底部要封平，否则将因管壁厚薄不均而使熔距变大。

6) 样品必须研细，这样可装得紧密，避免有空气间隙，影响熔距。

7) 要正确地判断初熔，当毛细管内样品开始发毛、发圆、发凹或形状改变，出现了少量液体时的温度为样品的初熔点。

2.2.2.2 微量熔点测定法

用毛细管测定熔点，其优点是仪器简单，方法简便，但缺点是不能观察晶体在加热过程中的变化情况。为了克服这一缺点，可用放大镜式微量熔点测定装置，见图2-13。

这种熔点测定装置的优点是：可测微量及高熔点（室温至350℃）试样的熔点。通过放大镜可以观察试样在加热中变化的全过程，如结晶的失水，多晶形物质的晶格转化及分解等。

具体操作：测定熔点时，先将玻璃载片洗净擦干，放在一个可移动的支持器内，将微量试样研细放在载玻片上，注意不可堆积，从镜孔可以看到一个个晶体外形。使载玻片上试样位于电热板的中心空洞上，用一载玻片盖住试样。调节镜头，使显微镜焦点对准试样，开启加热器，用变压器调节加热速度，当温度接近试样熔点时，控制温度上升的速度为每分钟1～2℃。当试样的结晶棱角开始变圆时，是熔化的开始，结晶形状完全消失是熔化的完成。

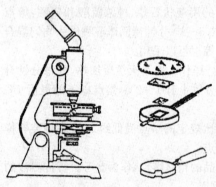

图2-13 放大镜式微量熔点测定器

测定熔点后，停止加热，稍冷，用镊子夹走载玻片，将一厚铝板盖放在加热板上，加快冷却，然后清洗载玻片，以备再用。

根据上述同样原理，可以利用放大镜、加热板及温度计制成比较简单的微量熔点测定装置。

2.2.3 温度计校正

用上述方法测定熔点时，熔点的读数与实际熔点之间常有一定的差距，原因是多方面的，温度计的影响是一个重要因素。如温度计中的毛细管孔径不均匀，有时刻度不精确。温度计刻度划分有全浸式和半浸式两种，全浸式温度计的刻度是在温度计的汞线全部均匀受热的情况下刻出来的，而在测熔点时仅有部分汞线受热，因而露出来的汞线温度当然较全部受热者为低。另外长期使用的温度计，玻璃也可能发生变形使刻度不准。为了校正温度计，可选一标准温度计与之比较。通常也可采用纯粹有机化合物的熔点作为校正的标准。通过此法校正的温度计，上述误差可以消除。校正时只要选择数种已知熔点的纯粹有机化合物作为标准，以实测的熔点作纵坐标，测得的熔点与已知熔点的差值作横坐标，画成曲线。任一温度的

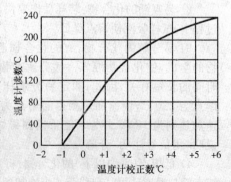

图2-14 温度计刻度校正曲线图

校正数可通过曲线直接找出(图 2-14)。

用熔点法校正温度计的标准化合物的熔点如表 2-1(校正时可具体选择其中几种)。

零点的测定最好用蒸馏水和纯冰的混合物,在一个 15cm×2.5cm 的试管中放入蒸馏水 20ml,将试管浸在冰盐浴中,至蒸馏水部分结冰,用玻璃棒搅动使之成冰-水混合物,将试管从冰盐浴中移出,然后将温度计插入冰-水中,用玻璃棒轻轻搅用混合物,到温度恒定 2~3 分钟后再读数。

表 2-1　几种标准化合物的熔点

名称	熔点(℃)	名称	熔点(℃)
水-冰	0	乙酰苯胺	114.3
α-萘胺	50	苯甲酸	122.4
二苯胺	53~54	尿素	135
对二氯苯	53	二苯基羟基乙酸	151
苯甲酸苯酯	70	水杨酸	159
萘	80	对苯二酚	170~171
间二硝基苯	89~90	3,5-二硝基苯甲酸	205
二苯乙二酮	95~96	蒽	216.2~216.4

2.3　加热和冷却

2.3.1　加热

某些反应在室温下难以进行或进行很慢,为了加快反应,常采用加热的方法。升高温度,反应加快,一般温度每升高 10℃,反应速率增加一倍。实验室常用的热源有煤气灯、电炉、酒精灯等。必须注意,玻璃仪器一般不能用火焰直接加热,以免温度剧烈变化和加热不均匀而造成仪器的破损,引起燃烧等事故发生。局部过热,还可能导致化合物部分分解。为了避免直接加热带来的问题,加热时可根据液体沸点、有机化合物的特性和反应要求选用适当的加热方法,例如水浴、油浴及通过石棉网进行加热等。

(1) 石棉网加热:烧瓶(杯)下面放块石棉网进行加热,可使烧瓶(杯)受热面扩大且较均匀。这种加热方式最简单,也是实验中用得比较多的一种。但应指出,这种加热方式只适用于高沸点且不易燃烧的受热物,加热时必须注意石棉网与烧瓶间应留有空隙。灯焰要对着石棉块,如偏向铁丝网,则铁丝网易被烧断且温度过高。

(2) 水浴加热:当所需要的加热温度在 80℃ 以下时,可将容器浸入水浴中,热浴液面应略高于容器中的液面,勿使容器底触及水浴锅底。调节火焰,使温度保持在需要的范围之内。若长时间加热,水浴中的水汽化外逸,可采用附有自动添水的水浴装置(见图 2-15)。这样既方便,又能保证加热温度恒定。应当注意,不要让水汽进入反应容器中,特别当水能抑制和破坏反应时。蒸馏无水溶剂时,更应小心。使用的水浴锅上覆盖一组环形圆圈。若无这种设备,可在水面上加几片石蜡,石蜡受热熔化铺在水面上,以减少水的蒸发,同时经常擦拭靠近水浴的仪器连接处,或用干布将连接处包起来。

(3) 油浴加热:加热在 80~250℃ 可用油浴。为了防止油蒸气污染实验室和着火,在容器口,根据油浴面的大小,切割一块中间有圆孔的石棉板遮盖油锅。油浴所能达到的最高温度取决于所用油的品种,植物油中加入 1% 的对苯二酚,可增加油在受热时的稳定性。

甘油和邻苯二甲酸二丁酯适用于加热到 140~180℃,温度过高则易分解。甘油由于吸水性强,放置过久,使用前应加热蒸去其中一部分水。

液状石蜡可加热到 220℃,温度稍高且不易分解,但易燃烧。固体石蜡也可加热到 220℃。其优点是在室温下是固体,便于保存。

硅油和真空泵油在 250℃ 以上时,虽较稳定,由于价格贵,一般实验较少使用。

应当指出,在实验室实际操作中油浴加热时要防止污染实验室空气或引起着火事故。使用油浴时,在油浴中应放温度计(温度计不可放在锅底),以便随时调节温度。

(4) 空气浴加热:加热温度较高,可采用空气浴。简便的空气浴可用下法制作:取一铁罐,直径较容器稍大,或以薄铁板围成柱状,下面铺一薄铁板,打数行小孔,另用一石棉板(直径小于罐底,厚约2~3mm)放入底层,罐的周围以石棉布保温。另取一石棉板(厚2~4mm)其中挖一孔(直径接近容器颈的直径),然后对切为二;加热时盖住罐口。将此空气浴放置在铁三角架上,以灯焰加热即可。注意容器底勿接近罐底,其正确位置见图2-16。

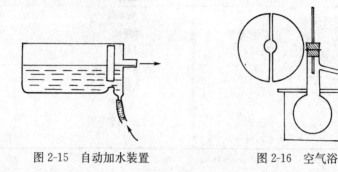

图 2-15　自动加水装置　　　　图 2-16　空气浴

(5) 电热套加热:是实验室应用最多的。将要被加热的圆底烧瓶放入电热套中,用调压变压器来控制温度。但要注意,被加热的容器应和电热套的规格相符,电热套加热优点较多:干净、安全、加热速度快、应用广泛。

蒸馏易燃的低沸点液体,如乙醚等,可用红外灯加热。蒸馏较大量有机溶剂时,可采用封闭式电炉加热,水浴或电热恒温水浴加热。

以上介绍了一些加热方法及其使用范围,操作中应根据具体要求和条件选用。

2.3.2　冷却

在进行放热反应时,常产生大量的热,它使反应温度迅速升高,如果控制不当,往往可能引起副反应增多,反应物蒸发,有的甚至发生冲料和爆炸事故。要把温度控制在一定范围内,需要进行适当的冷却。有时为了减少固体化合物在溶剂中的溶解度或促使晶体析出,也常需要冷却。冷却方法是将装有反应物的容器浸入冷却剂中。

低于室温下进行的反应,可用水和碎冰的混合物做冷却剂。其冷却效果比单用冰块好,因为它与容器接触的面积大。如果水的存在并不妨碍反应的进行,则可把干净的碎冰直接投入反应器中,以便更有效地保持低温。

如果要求在0℃以下进行操作,常用碎冰和无机盐以不同比例混合。制备冰盐冷却剂时,应把盐研细,然后和碎冰均匀混合,并随时加以搅拌。混合比例参见表2-2。

表 2-2　冰盐冷却剂

盐类	100份碎冰中加入盐的份数	混合物能达到的最低温度(℃)
NH_4Cl	25	-15
$NaNO_3$	50	-18
$NaCl$	33	-21
$CaCl_2 \cdot 6H_2O$	100	-29
$CaCl_2 \cdot 6H_2O$	143	-55

实验室中最常用的冷却剂是碎冰和食盐的混合物,它实际上能冷却到-18~-5℃。

固体的二氧化碳(干冰)和乙醇、异丙醇或丙醇以适当比例混合,可冷却到更低温度(-78~-50℃),为了保持其冷却效果,常把干冰溶液盛在广口保温瓶(也叫杜瓦瓶)中或其他绝热效果较好的容器中,上面盖棉花或布,以防止其蒸发太快,使保温效果更好些。

2.4 搅拌和振荡

在固体和液体或互不相溶的液体进行反应时,为了使反应混合物充分接触,应该进行强烈的搅拌或振荡。此外,在反应过程中,当把一种反应物料滴加或分批小量地加入另一种物料时,也应该使二者尽快地均匀接触,这也需要进行强烈的搅拌或振荡,否则,由于浓度局部增大或温度局部增高,可能发生更多的副反应。

2.4.1 人工搅拌和振荡

在反应物量小,反应时间短,而且不需要加热或温度不太高的操作中,用手摇动容器就可达到充分混合的目的。也可用两端烧光滑的玻璃棒沿着器壁均匀地搅动,但必须避免玻璃棒碰撞器壁,若在搅拌的同时还需要控制反应温度,可用橡皮圈把玻璃棒和温度计套在一起。为了避免温度计水银球触及反应器的底部而损坏,玻璃棒的下端宜稍伸出一些。

在反应过程中,回流冷凝装置往往需作间歇的振荡。振荡时,把固定烧瓶和冷凝管的铁夹暂时松开,一只手靠在铁夹上并扶住冷凝管,另一只手拿住瓶颈做圆周运动;每次振荡后应把仪器重新夹好,也可以用振荡整个铁台的方法。使容器内的反应物充分混合。

2.4.2 机械搅拌

在那些需要用较长的时间进行搅拌的实验中,最好使用电动搅拌器。若在搅拌的同时还需要进行回流,则最好用三颈烧瓶,三颈烧瓶中间瓶口装配搅拌棒,一个侧口安装回流冷凝器,另一个侧口安装温度计或滴液漏斗,其装置见第一部分实验装置图1-7。

搅拌装置的装配方法如下:首先选定三颈烧瓶和电动搅拌器的位置。如果是普通仪器,选择一个适合中间瓶口的软木塞,钻一孔,孔必须钻得光滑笔直,插入一段玻璃管(或封闭管),软木塞和玻璃管间一定要紧密。玻璃管的内径应比搅拌棒稍大一些,使搅拌棒可以在玻璃管内自由地转动。在玻璃管内插入搅拌棒,把搅拌棒和搅拌器用短橡皮管(或连接管)连接起来。然后把配有搅拌棒的软木塞塞入三颈烧瓶中间的口内,塞紧软木塞。调整三颈烧瓶位置(最好不要调整搅拌器的位置,若必须调整搅拌器的位置,应先拆除三颈烧瓶,以免搅拌棒戳破瓶底),使搅拌棒的下端距瓶底约5mm,中间瓶颈用铁夹夹紧。从仪器装置的正面仔细检查,进行调整,使整套仪器正直。开动搅拌器,试验运转情况。当搅拌棒和玻璃管间不发出摩擦的响声时,才能认为仪器装配合格,否则,需要再进行调整。装上冷凝管和滴液漏斗(或温度计),用铁夹夹紧。上述仪器要安装在同一铁台上。再次开动搅拌器,如果运转情况正常,才能装入物料进行实验。

如果使用的是磨口仪器,则需要选择一个合适的搅拌头(也称搅拌器套管),将搅拌棒插入搅拌头中,再将搅拌棒和搅拌头上端用短橡皮管连接起来,然后把套有搅拌棒的搅拌头塞入三颈烧瓶中间的口内,即可调试使用。

为了防止蒸气或反应中产生的有毒气体从玻璃管和搅拌棒间的空隙溢出,需要封口。搅拌装置的封口可采用简易密封装置或液封装置,其装置见图1-9。

以上介绍的是人工搅拌和机械搅拌两种搅拌方法。除此以外,还有一种常用的搅拌方法是磁力搅拌法。磁力搅拌一般使用恒温磁力搅拌器,适用于液体恒温搅拌,它使用方便,噪声小,搅拌力也较强,调速平稳,温度采用电子自动恒温控制。磁力搅拌器型号很多,使用时应参阅说明书。

2.5 重结晶及过滤

冷却饱和溶液或蒸去溶剂即析出晶体,这个过程叫结晶。分离晶体后的溶液称为母液。晶体如不纯,一般选择适当的溶剂,设法使粗制品溶解后,过滤或脱色以除去杂质,溶液经浓缩、冷却或其他方法处理后,便有纯的晶体析出,滤去母液,洗涤晶体后致干,这种再结晶的操作叫做重结晶。重结晶是纯化固体有机化合物的重要方法之一。利用被提纯化合物及杂质在溶剂中,于不同温度时溶解度不同,以分离出杂质,从而达到纯化的目的。必要时需要重复操作多次方可以得到纯品。

2.5.1 基本原理

固体有机物在溶剂中的溶解度随温度的变化而改变。通常升高温度溶解度增大,反之则溶解度降低。热饱和溶液,降低其温度,溶解度下降,溶液变成过饱和而析出晶体。利用溶剂对被提纯化合物及杂质的溶解度的不同,以达到分离纯化的目的。

2.5.2 操作方法

2.5.2.1 选择溶剂

在进行重结晶时,选择合适的溶剂是一个关键问题。有机化合物在溶剂中的溶解性往往与其结构有关,易溶于与其结构相似的溶剂中,极性化合物易溶于极性溶剂中,而难溶于非极性溶剂中。如极性化合物一般易溶于水、醇、酮和酯等极性溶剂中,而在非极性溶剂中如苯、四氯化碳等,要难溶解得多。这种相似溶于相似的现象虽是经验规律,但对实验工作有一定的指导作用。选择适宜的溶剂应注意下列条件:

(1) 不与被提纯化合物起化学反应。

(2) 在降低和升高温度时,被提纯化合物的溶解度应有显著差别。冷溶剂对被提纯化合物溶解度越小,回收率越高。

(3) 对溶质与杂质的溶解度应具有显著的差别。由于夹杂在溶质中的杂质,对溶质从溶液内结晶析出的速率和分离是否完全的程度密切相关,所以最好选用的溶剂对溶质(即主要产品)的溶解度比杂质大,这样就可使杂质在过滤时除去,否则就选用杂质比溶质更易溶于其内的溶剂,经过反复处理,杂质留在母液内而被除去。

(4) 溶剂本身应具备的优点:价格低廉,纯度高,不易燃烧,沸点较低,容易挥发,容易与晶体分离。

具体选择溶剂时,一般化合物可先查阅手册中溶解度一栏,如没有文献资料可查,只能用实验方法决定。其方法是:把少量(约0.1g)被提纯的试样研细放入试管中,用滴管慢慢滴入溶剂,不断振摇,加入溶剂量约达1ml,加热并摇动,观察加热和冷却时试样溶解情况(加热时严防溶剂着火)。若化合物在1ml冷或温热的溶剂中已全溶,则此溶剂不适用。如该化合物不溶于1ml沸腾的溶剂,继续加热,慢慢再滴入溶剂,每次加入量约0.5ml并加热至沸,若加入溶剂已达4ml,该化合物仍不能溶解,则此溶剂也不适用。该化合物能溶解在1~4ml沸腾溶剂中,将试管冷却,以观察晶体析出情况。如晶体不能析出,可用玻璃棒摩擦液面下的试管壁,或再辅以冰水冷却,促使晶体析出,若晶体仍不能析出,则此溶剂仍不适用。按上法逐一采用不同溶剂试验,只有在冷却后有许多晶体析出者,才是最合适的溶剂,并将它与样品按适当比例混合用来重结晶。

在不能选择到一种适当的溶剂的时候,一般解决的办法是采用混合溶剂,就是选择一对相互能溶的溶剂,进行结晶的化合物易溶于其中之一,而仅微溶于另一溶剂,操作手续是先溶于溶解能力大的溶剂中,然后在较高温度(往往接近于沸点)逐渐加入另一溶解能力低的溶剂,使达到饱和,超过饱和点时,纯净的透明液体呈不透明的乳状,此时加入少许前一溶剂或稍加热,即可恢复原状,然后放置,待其结晶。

常用的混合溶剂有:

水-乙醇	石油醚-苯	乙醚-乙醇
水-乙酸	石油醚-乙醚	吡啶-水
水-丙酮	石油醚-丙酮	乙醚-苯

若用苯作溶剂,仅在冷水中冷却,以免苯在冰水中冷却结晶而误认为样品(当用冰乙酸重结晶时也要注意这个问题)。

2.5.2.2 样品的溶解

就是将粗产品溶于热的溶剂中制成饱和溶液。具体操作是将待结晶的物质置于圆底烧瓶、鸡心瓶或三角瓶中,加入比需要量略少的适宜溶剂,加热微沸,若未完全溶解,可分次逐渐添加溶剂,再加热到微沸并摇动,直到刚好完全溶解。但要注意判断是否有不溶或难溶性杂质存在,以免误加过多溶剂。若难以判断,宁可先进行热过滤,然后将滤渣再以溶剂处理,并将两次滤液分别进行处理。在重结晶中,若要得到比较纯的产品和比较好的收率,必须十分注意溶剂的用量。减少溶剂损失,应避免溶剂过量,但溶剂少了,又会给热过滤带来很多麻烦,可能造成更大损失,所以要全面衡量以确定溶剂的适当用量,一般来说,若不需要用热过滤除去杂质,则可以将样品制成热饱和溶液,若需要热过滤,则溶剂的用量要比前者多20%左右才可以。

在溶解过程中,应避免被提纯的化合物成油珠状,这样往往混入杂质和少量溶剂,对纯化产品不利,还要尽量避免溶质的液化。具体方法是:①选择沸点低于被提纯物的熔点的溶剂。实在不能选择沸点较低的溶剂,则应在比熔点低的温度下进行溶解。②适当加大溶剂的用量。如乙酰苯胺的熔点为114℃,则可选择沸点低于此值的水做溶剂,但乙酰苯胺在水里如果83℃以前没有完全溶解就会呈熔化状态。这种情况将给纯化带来很多麻烦,对于这种情况就不宜把水加热至沸,而应在低于83℃的情况下进行重结晶。估算溶剂用量时也只能把83℃乙酰苯胺在水中的溶解度作为参考依据,就是说要适当增大水的用量。溶液稀一些当然会影响重结晶的回收率,结晶的速率也要慢一些,不过可以及时加入晶种和采取其他措施,必要时还可改用其他溶剂。

为了避免溶剂的挥发,应在锥形瓶或圆底烧瓶上装回流冷凝管,添加溶剂可从冷凝管上端加入。根据溶剂的沸点和易燃情况,选择适当的热浴加热。

2.5.2.3 杂质的除去

为了除去难溶的杂质、滤纸的纤维以及其他杂质等,常需要用趁热过滤或抽滤(低沸点溶剂不能用抽滤法),以获得澄清液。

活性炭的使用:粗制的有机物常含有有色杂质,在重结晶时杂质虽可溶于有机溶剂,但仍有部分被晶体吸附,因此当分离晶体时常会得到有色产物,有时在溶剂中还存在少量树脂状物质或极细的不溶性杂质,经过滤仍出现混浊状,用简单的过滤方法不能除去,如用活性炭煮沸5~10分钟,活性炭可吸附色素及树脂状物质(如待结晶化合物本身有色则活性炭不能脱色)。使用活性炭应注意以下几点:

(1) 加活性炭以前,首先将待结晶化合物加热溶解在溶剂中。
(2) 待热溶液稍冷后,加入活性炭,振摇,使其均匀分布在溶液中。如在接近沸点的溶液中加入活性炭,易引起爆沸,溶液易冲出来。
(3) 加入活性炭的量,视杂质多少而定,一般为粗品质量的1%~5%,加入量过多,活性炭将吸附一部分纯产品,如仍不能脱色可重复上述操作。过滤时选用的滤纸要紧密,以免活性炭透过滤纸进入溶液中,如发现透过滤纸,应加热微沸后重新过滤。
(4) 活性炭在水溶液中进行脱色效果最好,它也可在其他溶剂中使用,但在烃类等非极性溶剂中效果较差。

除活性炭脱色外,也可采用层析柱来脱色,如氧化铝吸附色谱等。

热溶液的过滤:制备好的热溶液,必须趁热过滤,以除去不溶性杂质,应避免在过滤过程中有晶体析出。使用易燃溶剂进行热过滤操作时,附近的火源必须熄灭。选一短而粗颈的玻璃漏斗放在烘箱中预热,过滤时趁热取出使用。在漏斗中放一折叠滤纸,见图2-17(1),折叠滤纸向外的棱边,应紧贴于漏斗壁上,先用少量热的溶剂润湿滤纸,然后加溶液,再用表面皿盖好漏斗,以减少溶剂挥发。如过滤的溶液量较多,则应用热水保温漏斗,将它固定安装妥当后,预先将夹套内的水烧热,如图2-17(2),切忌在过滤时用火加热!若操作顺利,只有少量晶体析出在滤纸上,可用少量热溶剂洗下。若晶体较多,用刮刀刮回原来的瓶中,再加适量溶剂溶解,过滤。滤毕后将溶液瓶加盖,放置冷却。

整个热过滤操作中,周围不能有火源,应事先做好准备,操作应迅速。

减压过滤(抽滤):可用布氏漏斗或砂芯漏斗和吸滤瓶,减压抽滤见图2-17(3)。减压抽滤,操作简便迅速,其缺点是悬浮的杂质有时会穿过滤纸,漏斗孔内易析出晶体,堵塞其孔,滤下的热溶液,由于减压溶剂易沸腾而被抽走。尽管如此,实验室还较普遍采用。

减压过滤时应注意:滤纸不能大于布氏漏斗的底面;在过滤前应将布氏漏斗放入烘箱(或用电吹风)预热;抽滤前用同一热溶剂将滤纸湿润,使其紧贴于漏斗的底面。

折叠滤纸的方法:将选定的圆滤纸按图2-18,先一折为二,再对折成圆形的四分之一,展开后,以1对4折出5,3对4折出6,如图2-18(1);1对6折出7,3对5折出8,如图2-18(2);以1对5折出10,以3对6折出9,如图2-18(3)。最后在8个等份的每一小格中间以相反方向[图2-18(4)]折成16等份,结果得到折扇一样的排列。再在1~2和2~3处各自内折一小折面,展开后即得到折叠滤纸,或称扇形滤纸,见图2-18(5)。在折叠纹集中的圆心处折叠时切勿重压,否则滤纸的中央在过滤时容易破裂。在使用前,应将折好的滤纸翻转并整理好后再放入漏斗中。

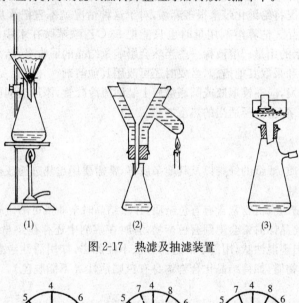

图 2-17 热滤及抽滤装置

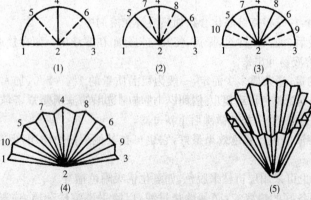

图 2-18 折叠滤纸的方法

2.5.2.4 晶体的析出

若将热滤液迅速冷却或在冷却下剧烈搅拌,所析出的晶体颗粒很小,小晶体包括杂质少。因表面积较大,吸附在表面上的杂质较多,若将热滤液在室温或保温静置让其慢慢冷却,析出的晶体较大,往往有母液或杂质在晶体之间。

杂质的存在将影响化合物晶核的形成和晶体的生长。虽已达到饱和状态也不析出晶体。为了促进化合物晶体析出,通常采取一些必要的措施,帮助其形成晶核,以利晶体的生长。其方法如下所述:

(1) 用玻璃棒摩擦瓶壁,以形成粗糙面或玻璃小点作为晶核,使溶质分子呈定向排列,促进晶体析出。

(2) 加入少量该溶质的晶体于此过饱和溶液中,晶体往往很快析出,这种操作称为"接种"或"种晶"。实验室如无此晶种,也可自己制备,方法是取数滴过饱和溶液于一试管中旋转,使该溶液在容器壁表面呈一薄膜,然后将此容器放入冷冻液中,所形成的晶体作为"晶种"之用,也可取一滴过饱和溶液于表面皿上,溶剂蒸发而得到晶种。

(3) 冷冻过饱和溶液,再补以玻璃棒摩擦瓶壁,温度低,则有利于形成晶体。或将过饱和溶液放置冰箱内较长时间,亦可使晶体析出。

有时被纯化物质呈油状物析出,长时间静置足够冷却,虽也可固化,但其固体杂质较多。用溶剂大量稀释,则产物损失较大。这时可将析出油状物的溶液加热重新溶解,然后慢慢冷却。当发现油状物开始析出时便剧烈搅拌,使油状物在均匀分散的条件下固化,如此包含的母液较少。当然最好还是另选合适的溶剂,以便得到纯的结晶产品。

2.5.2.5 晶体的滤集和洗涤

析出的晶体与母液分离,常用布氏漏斗进行抽滤,为了更好地将晶体与母液分开,最好用清洁的玻璃塞将晶体在布氏漏斗上挤压,并同时抽气以尽量除去母液。晶体表面残留的母液,可用很少量的冷溶剂洗涤。洗涤时应先停止抽气,用玻璃棒或不锈钢刮刀将晶体挑松,在漏斗上加溶剂使晶体润湿,静置片刻使晶体均匀地被浸透,然后再抽滤,如此重复操作1~2次,洗液与母液合并一起处理。抽气时应注意,当液体已基本上滤下时,即应停止抽气,再加洗液,不要抽气过度以致漏斗上的晶体层形成裂缝,只有最后一次抽滤要充分抽尽。

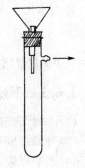

图 2-19 玻璃钉漏斗过滤

过滤少量的晶体,可用玻璃钉漏斗,以抽滤管代替抽滤瓶(图2-19),玻璃钉漏斗上铺的滤纸应较玻璃钉的直径稍大,滤纸用溶剂先润湿后进行抽滤,用玻璃棒或刮刀挤压使滤纸的边沿紧贴于漏斗上。

2.5.2.6 晶体的干燥

把洗净的晶体连同滤纸一起从漏斗上拿下来,放在表面皿或结晶皿上,由于晶体还带有水分或挥发性的有机溶剂,因此必须用适当的方法加以干燥后才可以测定其熔点。最常用的方法是将固体放在有不同干燥剂的干燥器中进行干燥,对于热稳定的固体,可以在烘箱中干燥,但此法仅限于高熔点的物质,因为尚未除尽的少量溶剂能够显著降低结晶物质的熔点。凡最后曾用乙醇、乙醚等易燃溶剂洗过的物质,不能在烘箱中烘烤,以免爆炸。

实验室中常用红外线灯来进行固体的干燥,由于红外线的特殊性能,干燥时速度快,温度较低,而且固体的内部也能达到干燥。

2.5.2.7 母液与洗液的处理

母液与洗液中溶解的产品数量不应忽视,可将溶液浓缩后放冷,析出的晶体纯度不如第一次的高，应按前述办法再结晶一次。

如果母液与洗液中含有较大量的有机溶剂，一定要先减压蒸馏以回收溶剂，以免浪费。

2.6 干燥与干燥剂的使用

在实验室工作中，干燥是最普通而重要的一种操作。

(1) 很多有机反应需要在绝对无水的条件下进行，所用的原料及溶剂都应该是干燥的。

(2) 某些含有水分经加热会变质的化合物，在蒸馏或用无水溶剂进行重结晶前，也必须进行干燥。

(3) 在进行元素的定量分析之前，必须使其干燥，否则会影响分析结果。

(4) 在某种情况下需要除去结晶水或其他溶剂。

2.6.1 干燥方法

(1) 物理方法：常用的有以下几种：

1) 利用分馏或利用二元或三元混合物来除去水分。如甲醇与水的混合物，由于沸点相差较大，用精密分馏柱即可完全分开。

2) 加热：如用烘箱或红外线灯干燥晶体样品。

3) 吸附：如用硅胶干燥空气，以及用石蜡吸收非极性有机溶剂的蒸气。

(2) 化学方法：利用适当的干燥剂进行脱水，其脱水作用可分为两类：

1) 能与水可逆地结合，生成水合物，如浓硫酸、无水氯化钙、无水硫酸铜、无水硫酸钠等。这类干燥剂干燥效果受温度的影响，温度越高，干燥效率越低，因为干燥剂与水的结合是可逆的，温度高时水合物不稳定，所以在蒸馏前，必须先将此类干燥剂滤除。

2) 与水化合成一个新的化合物，这是不可逆的反应，如 CaO、Na、Mg、P_2O_5 等。

$$CaO + H_2O \longrightarrow Ca(OH)_2$$
$$2Na + 2H_2O \longrightarrow 2NaOH + H_2$$

这一类干燥剂蒸馏前可以不必除掉。

2.6.2 干燥剂应具备的条件

(1) 与被干燥的物质不发生任何化学反应。

(2) 干燥速度要快，吸水能力要大。

(3) 价格低廉，用少量干燥剂就能使大量液体干燥。

(4) 对有机溶剂或溶质，必须无催化作用，以免产生缩合、聚合或自动氧化等作用。

(5) 不溶于被干燥的液体中。

2.6.3 常用干燥剂

(1) 无水氯化钙($CaCl_2$)：价廉，吸水能力强，但吸水需较长的时间，并不断振摇，始可显效，吸水时形成如下水合物：

$$CaCl_2 \xrightarrow{H_2O} CaCl_2 \cdot H_2O \xrightarrow{H_2O} CaCl_2 \cdot 6H_2O \quad (30℃以下适用)$$

由于在制备过程中，无水氯化钙中可能含有氢氧化钙和碳酸钠或氧化钙，这些杂质决定此干燥剂不适用于酸性化合物的干燥。

氯化钙可以和醇、酚及胺类形成分子络合物，如 $CaCl_2 \cdot 4C_2H_5OH$。和酮类、醛类、酰胺类、酯类、α-或β-氨基酸类也可形成分子络合物，所以无水氯化钙不宜用于上述液体的干燥。

无水氯化钙可用作烃类、卤代烃、醚等化合物的干燥剂。

(2) 无水硫酸镁($MgSO_4$)：价廉，吸水能力强，作用快，本身呈中性，对各种有机物均不发生化学变化,故可用于各种有机物的干燥。

$$MgSO_4 \xrightarrow{H_2O} MgSO_4 \cdot 7H_2O \quad (48℃以下适用)$$

(3) 无水硫酸钠(Na_2SO_4):价廉,吸水量大,本身呈中性,可干燥很多有机物,但作用慢,并不易完全致干,当有机物杂有大量水分时,先用本品干燥,再用其他干燥剂。

$$Na_2SO_4 + 10H_2O \longrightarrow Na_2SO_4 \cdot 10H_2O \quad (32.4℃以下适用)$$

(4) 无水硫酸钙($CaSO_4$):干燥作用快,不溶于有机溶剂,本身呈中性,对各种有机物均无作用,使用范围广,但吸水量较小,其最高吸水量约为其重量的 6.6%,生成的水合物在 100℃时仍很稳定,价格虽较 $MgSO_4$ 或 Na_2SO_4 贵,但可通过再生,即在 230~240℃加热 3 小时,再次供除水用。

此干燥剂一般用于先经 $MgSO_4$、Na_2SO_4 或 $CaCl_2$ 干燥过的液体,适宜除去滤液中的微量水分。

$$2CaSO_4 + H_2O \longrightarrow (CaSO_4)_2 \cdot H_2O$$

(5) 无水碳酸钾(K_2CO_3):本品呈碱性,适于醇类、酮类、酯类等中性有机物,不宜与强碱接触的胺也可用本品干燥。本品不可用于酸类、酚类及其他酸性物质。本品吸水能力中等,但作用较慢。

$$K_2CO_3 + 2H_2O \longrightarrow K_2CO_3 \cdot 2H_2O$$

(6) 氢氧化钾/钠(KOH/NaOH):呈强碱性,适于干燥胺类或杂环等碱性物质,当有些碱性物质中含有较多水分时,可先用浓 KOH(NaOH)溶液混合振荡,大部分水除去后再用固体氢氧化钾(钠)干燥。在有水存在时,氢氧化钾(钠)与酸类、酚类、酯类、酰胺类等作用,氢氧化钾(钠)还可以溶于醇类等有机物中,故不可用来干燥上述化合物。

(7) 氧化钙(CaO):碱性,不宜干燥酸类、酯类,适用于干燥低级醇类。

(8) 金属钠(Na):醚、烷烃、芳烃经无水氯化钙或硫酸镁去除其中大部分水后,可再加入金属钠,以除去微量的水分。易与碱作用,或易被还原的有机化合物都不能用钠作干燥剂,如卤代烃等。

(9) 五氧化二磷(P_2O_5):烃类、醚类、卤代烃、腈类等经无水硫酸镁干燥后,若仍有微量的水分,可用本品除去。本品价格较贵,但作用快。对于醇类、酸类、胺类、酮类、乙醚等均不适用。

(10) 浓硫酸(H_2SO_4):可以用来干燥空气及一些气体产物。

其他尚有过氯酸镁、活性氧化铝等都是很好的干燥剂。

2.6.4 干燥操作

(1) 气体的干燥:一般是将干燥剂装在洗气瓶或干燥管内,让气体通过即可达到干燥目的。一般气体干燥时所用干燥剂见表 2-3。

表 2-3 干燥气体时所用的干燥剂

干燥剂	可干燥的气体
CaO,NaOH,KOH	NH_3
无水 $CaCl_2$	H_2,HCl,CO_2,CO,SO_2,N_2,O_2,低级烷烃,醚,烯烃,卤代烷
P_2O_5	H_2,O_2,CO_2,CO,SO_2,N_2,烷烃,乙烯
浓 H_2SO_4	H_2,N_2,HCl,CO_2,Cl_2,烷烃
$CaBr_2$,$ZnBr_2$	HBr

(2) 液体的干燥:在适当的容器内(如三角瓶),放入已分离尽水层的液体有机物,加入适宜的干燥剂,塞紧(用金属钠者除外)振荡片刻,静置过夜,然后滤去干燥剂,进行蒸馏精制。各类液态有机化合物常用的干燥剂见表 2-4。

(3) 固体的干燥:
1) 在空气中晾干。
2) 在烘箱中烘干。
3) 在红外线灯下烤干。
4) 干燥器内干燥:将待干燥的固体平铺在结晶皿中,然后放在干燥器内的隔板上。干燥器的底部放有适当的干燥剂(图 2-20)。干燥器内常用的干燥剂见表 2-5。

表 2-4　液态有机化合物常用的干燥剂

液态有机物	适用的干燥剂
醚类,烷烃,芳烃	$CaCl_2$,$CaSO_4$,P_2O_5,Na
醇类	K_2CO_3,$MgSO_4$,$CaSO_4$,CaO
醛类	$MgSO_4$,$CaSO_4$,Na_2SO_4
酮类	$MgSO_4$,$CaSO_4$,Na_2SO_4,K_2CO_3
酸类	$MgSO_4$,$CaSO_4$,Na_2SO_4
酯类	$MgSO_4$,$CaSO_4$,Na_2SO_4,K_2CO_3
卤代烃类	$CaCl_2$,$MgSO_4$,$CaSO_4$,Na_2SO_4,P_2O_5
有机碱类(胺类)	CaO,NaOH,KOH

表 2-5　干燥器内常用的干燥剂

干燥剂	吸去的溶剂或其他杂质
CaO	水,乙酸,氯化氢
$CaCl_2$	水,醇
NaOH	水,乙酸,氯化氢,酚,醇
浓 H_2SO_4	水,乙酸,醇
P_2O_5	水,醇
石蜡片	醇,醚,苯,甲苯,氯仿,四氯化碳
硅胶	水

5) 真空干燥器内干燥：干燥器的顶部有带活塞的玻璃管,从此处抽气可使器内压力减少并趋向真空,夹杂在固体物中的液体也更易汽化而被干燥剂所吸附,所以成效要比普通干燥器快 6～7 倍。

用水泵减压时,要在水泵和干燥器间装安全瓶,以免因压力突变时水倒吸到干燥器内。

由于干燥器的玻璃可能厚薄不均,或质料不够坚固,当抽至真空时,可能经不住内外相差很大的压力,以致发生向内崩裂,所以有时常在干燥器外用铁丝网或厚布包起来,使万一破裂时不致发生伤人事故,在使用新干燥器时应注意检查。

通入空气的玻璃管应弯成钩形(图 2-21),其顶端向上,仅留一小孔。干燥完毕后,应慢慢打开活塞,使空气经此小孔缓缓进入,否则突然进入干燥器的空气流,将使干燥的固体被冲散。对于熔点较低或不能受热的固体有机物,用真空干燥器干燥效果较好。干燥器内使用的干燥剂见表 2-5。

图 2-20　干燥器　　　图 2-21　真空干燥器

2.7　萃取和分液漏斗的使用

萃取是有机化学实验室中用来提取和纯化化合物的手段之一。通过萃取,能从固体或液体混合物中提取所需要的化合物。这里介绍常用的液-液和液-固萃取。

2.7.1 基本原理

利用化合物在两种互不相溶(或微溶)的溶剂中溶解度或分配系数的不同,使化合物从一种溶剂中转移到另一种溶剂中,经过反复多次这样的操作,将绝大部分的化合物提取出来。

分配定律是萃取方法的主要理论依据。物质对不同的溶剂有着不同的溶解度。同时,在两种互不相溶的溶剂中,加入某种可溶性的物质时,它能分别溶解于此两种溶剂中,实验证明,在一定温度下,该化合物与此两种溶剂不发生分解、电解、缔合和溶剂化等作用时,此化合物在两液层中之比是一个定值。不论所加的物质量是多少,都是如此。用公式表示:

$$\frac{c_A}{c_B}=K$$

式中 c_A,c_B 分别表示一种化合物在两种互不相溶的溶剂中的质量浓度;K 是一个常数,称为"分配系数"。

有机化合物在有机溶剂中一般比在水中的溶解度大。用有机溶剂提取溶解于水的化合物是萃取的典型实例。在萃取时,若在水溶液中加入一定量的电解质(如氯化钠),利用"盐析效应"以降低有机物和萃取溶剂在水溶液中的溶解度,常可提高萃取效果。

要把所需要的化合物从溶液中完全萃取出来,通常萃取一次是不够的,必须重复萃取数次。利用分配定律的关系,可以算出经过萃取后化合物的剩余量。

设:V 为原溶液的体积,m_0 为萃取前化合物的总量,m_1 为萃取一次后化合物剩余量,m_2 为萃取二次后化合物剩余量,m_n 为萃取 n 次后化合物剩余量,V_e 为萃取溶剂的体积。

经一次萃取,原溶液中该化合物的质量浓度为 m_1/V;而萃取溶剂中该化合物的质量浓度为 $\frac{m_0-m_1}{V_e}$;两者之比等于 K,即

$$\frac{m_1/V}{(m_0-m_1)/V_e}=K$$

整理后

$$m_1=m_0\frac{KV}{KV+V_e}$$

同理,经二次萃取后,则有

$$\frac{m_2/V}{(m_1-m_2)/V_e}=K$$

即

$$m_2=m_1\frac{KV}{KV+V_e}=m_0\left(\frac{KV}{KV+V_e}\right)^2$$

因此,经 n 次萃取后

$$m_n=m_0\left(\frac{KV}{KV+V_e}\right)^n$$

当用一定量溶剂萃取时,希望在水中的剩余量越少越好。而上式 $\frac{KV}{KV+V_e}$ 总是小于1,所以 n 越大,m_n 就越小。也就是说把溶剂分成数份作多次萃取比用全部量的溶剂作一次萃取为好。但应注意,上面的公式适用于几乎和水不互溶的溶剂,例如苯、四氯化碳等。而与水有少量互溶的溶剂,如乙醚,上面公式只是近似的,但还是可以定性地指出预期的结果。

例如:在100ml水中含有4g正丁酸的溶液,在15℃时用100ml苯来萃取。设已知在15℃时正丁酸在水和苯中的分配系数。用苯100ml一次萃取后正丁酸在水中的剩余量为:

$$m_1=4g\times\frac{1/3\times100ml}{1/3\times100ml+100ml}=1.0g$$

如果将100ml苯酚为三次萃取,则剩余量为:

$$m_3 = 4\text{g} \times \left[\frac{1/3 \times 100\text{ml}}{1/3 \times 100\text{ml} + 33.3\text{ml}}\right]^3 = 0.5\text{g}$$

从上面的计算可以看出100ml苯一次萃取可提取出3g(75%)的正丁酸,而分三次萃取时则可提取出3.5g(87.5%)的正丁酸。所以用同体积的溶剂,分多次萃取比一次萃取的效果高得多。但当溶剂的总量不变时,萃取次数n增加,V_e就要减少。例如:当$n=5$时,$m_5=0.38$g,$n>5$时,n和V_e这两个因素的影响就几乎相互抵消了。再增加n,m_n/m_{n+1}的变化很小,通过实际运算也可证明这一点。所以一般同体积溶剂分为3～5次萃取即可。

上面的结果也适用于由溶液中除去(或洗涤)溶解的杂质。

2.7.2 液-液萃取

2.7.2.1 间歇多次萃取

通常用分液漏斗来进行液体中的萃取。在萃取前,活塞用凡士林处理,必须事先检查分液漏斗的塞子和活塞是否严密,以防分液漏斗在使用过程中,发生泄漏而造成损失(检查的方法,通常是先用溶剂试验)。

在萃取时,先将液体与萃取用的溶剂由分液漏斗的上口倒入,盖好盖子,振摇分液漏斗使两液层充分接触。

(1) 振摇　　　　　　　　　　　(2) 放气

图 2-22　分液漏斗的振摇

振摇的操作方法一般是先把分液漏斗倾斜,使漏斗的上口略朝下,右手捏住上口颈部,并用食指根部压紧塞子。以免盖子松开,左手握住活塞,握紧活塞的方式既要防止振摇时活塞转动或脱落,又要便于灵活地旋开活塞(图2-22),振摇后漏斗仍保持倾斜状态,旋开活塞,放出蒸气或产生的气体,使内外压力平衡,若在漏斗中盛有易挥发的溶剂,如乙醚、苯,或用碳酸钠溶液中和酸液振摇后,更应注意及时旋开活塞,放出气体,振摇数次以后,将分液漏斗放在铁圈上,静置,使乳浊液分层。

待分液漏斗中的液体分成清晰的两层以后,就可以进行分液。分离液层时,应永远记住这个规律:下层液体应经活塞放出,上层液体应从上口倒出。如果上层液体也经活塞放出,则漏斗基部所附着的残液就会把上层液体弄脏。分离后再将液体倒回分液漏斗中,用新的萃取溶剂继续萃取。萃取次数,决定于分配系数,一般为3～5次。将所有萃取液合并,加入适当干燥剂进行干燥,再蒸去溶剂,萃取后所得有机化合物视其性质确定纯化方法。

下面几点对初用者来说容易忽视,结果从一开始就养成不正确的操作习惯,应予注意。
(1) 使用前不检查,拿来就用。
(2) 振摇时用手抱着漏斗,而不是如图2-22那样操作。
(3) 分离液体时,不放在铁圈上而是手拿着。
(4) 上层液体也经下端放出。
(5) 玻璃塞未打开就扭开活塞。
(6) 液体分层还未完全就从下端放出,或者是放的速度太快,分离不净。

2.7.2.2 盐析

易溶于水而难溶于盐类水溶液的物质,向其水溶液中加入一定量盐类,可降低该物质在水中的溶解度,这种作用称为盐析(加盐析出)。

通常用作盐析的盐类:$NaCl$、KCl、$(NH_4)_2SO_4$、NH_4Cl、Na_2SO_4、$CaCl_2$等。

可盐析的物质:有机酸盐、蛋白质、醇、酯、磺酸等。

萃取时也常用到盐析的过程,因不但可增加萃取效率,同时也能减少溶剂的损失。如用乙醚萃取水溶液中的苯胺,若向水溶液中加入一定量的$NaCl$,既增高萃取效率,也减少醚溶于水的损失。

2.7.2.3 连续萃取

这种方法,实验室也常采用,主要是有些化合物在原有溶剂中比在萃取溶剂中更易溶解时,就必须使用大量溶剂进行多次的萃取才行。用间断多次萃取效率差,且操作繁琐,损失也大。为了提高萃取效率,减少溶剂用量和被纯化物的损失,多采用连续萃取装置,使溶剂在进行萃取后能自动流入加热器,受热汽化,冷凝变为液体再进行萃取,如此循环即可萃取出大部分物质,此法萃取效率高,溶剂用量少,操作简便,损失较小。唯一缺点是萃取时间长,使用连续萃取方法时,根据所用溶剂的相对密度小于或大于被萃取溶液相对密度的条件,应采取不同的实验装置,见图2-23(1)、(2),其原理相似。

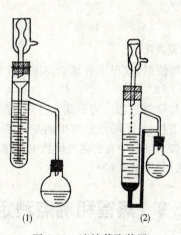

图2-23 连续萃取装置　　　图2-24 脂肪萃取器

2.7.3 液-固萃取

自固体中萃取化合物,多以浸出法来进行,药厂中常用此法萃取,但效率不高,时间长,溶剂用量大,实验室不常采用。实验室多采用脂肪萃取器或叫做索氏(Soxhlet)萃取器来萃取物质,如图2-24。通过对溶剂加热回流及虹吸现象,使固体物质每次均被新的溶剂所萃取,效率高,节约溶剂。但对受热易分解或变色的物质不宜采用。高沸点溶剂采用此法进行萃取也不合适。

萃取前应先将固体物质研细,以增加固-液接触面积,然后将固体物质放入滤纸筒1内(将滤纸卷成圆柱状,直径略小于提取筒2的内径,下端用线扎紧)。轻轻压实,上盖一小圆滤纸。加溶剂于烧瓶内,装上冷凝管,开始加热,溶剂沸腾进行回流,蒸气通过玻璃管3上升后,溶剂冷凝成液体,滴入萃取器中,当液面超过虹吸管4顶端时,萃取液自动流入加热烧瓶中,萃取出部分物质。再蒸发溶剂,如此循环,直到被萃取物质大部分被萃取出为止。固体中的可溶性物质富集于烧瓶中,然后用适当方法将萃取物质从溶液中分离出来。

2.8 回流

在室温下,有些反应速率很小或难于进行,为了使反应尽快地进行,常常需保持反应在溶剂中缓缓地沸腾若干时间,为了不致损失挥发性的溶剂或反应物,应当用回流冷凝器使蒸气仍冷凝回流到反应器皿中,这个操作称为回流,常用回流装置见图2-25(1)、(2)、(3)。

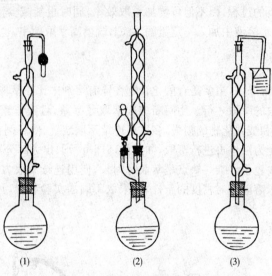

图 2-25 回流装置

当用挥发性溶剂(如乙醇、醚、石油醚)加热溶解物质时,或反应放热会使挥发性物质损失时,也应该用回流冷凝器。

回流时,为了使挥发性物质能充分冷凝下来,切勿沸腾过激。为了防止过热、爆沸,常常加入止爆剂(如多孔的瓷片)。有些反应要求在无水情况下进行,为了防止空气中的湿气进入而影响反应,可在回流冷凝器上端装氯化钙干燥管[图 2-25(1)];如果反应中有有害气体放出(如溴化氢等),可加接气体吸收装置[见图 2-25(3)]。

2.9 蒸馏和沸点测定

液体有机化合物的纯化和分离,溶剂的回收,经常采用蒸馏的方法来完成。常量法沸点的测定也是通过蒸馏来完成的,测定液体有机化合物的沸点也是鉴定液体有机化合物纯度的一种常用方法。

2.9.1 基本原理

液体的分子由于分子运动,有从表面逸出的倾向,而这种倾向常随温度的升高而增大。实验证明,液体的蒸气压与温度有关,即液体在一定温度下具有一定的蒸气压,与体系中存在的液体量及蒸气量无关。

将液体加热,其蒸气压随温度升高而增大,从图 2-26 中看出,当液体的蒸气压增大至与外界液面的总压力(通常是大气压力)相等时,开始有气泡不断地从液体内部逸出,即液体沸

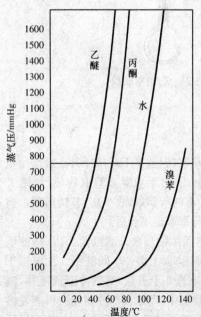

图 2-26 温度与蒸气压关系图

腾,这时的温度称为该液体的沸点。显然液体的沸点与外界压力的大小有关。通常所说的沸点,是指在 101.3kPa(760mmHg)压力下液体沸腾时的温度。在说明液体沸点时应注明压力,例如水的沸点为 100℃,是指在 101.3kPa 压力下水在 100℃时沸腾。在其他压力下应注明压力,如在 12.3kPa(92.5mmHg)时,水在 50℃沸腾,这时水的沸点可表示为 50℃/12.3kPa。蒸馏就是将液体混合物加热至沸腾,使液体汽化,然后将蒸气冷凝为液体的过程。通过蒸馏可以使混合物中各组分得到部分或全部分离。但各组分的沸点必须相差较大(一般在 30℃以上)才可得到较好的分离效果。

纯的液体有机化合物在一定的压力下具有一定的沸点。但具有固定沸点的液体有机化合物不一定都是纯的有机化合物。因为某些有机化合物常常和其他组分形成二元或三元共沸混合物,它们也有一定的沸点。

2.9.2 蒸馏操作

2.9.2.1 蒸馏装置

其装置见图 2-27,安装仪器时应注意:

(1) 根据所蒸馏液体的容量、沸点来选择合适的蒸馏瓶、温度计及冷凝器等。

(2) 冷凝管的选择:如果蒸馏的液体沸点在 130℃以下时,可用冷水直形冷凝管,对易挥发、易燃液体,冷却水的流速可快一些;沸点在 100~130℃时应缓慢通水(以防仪器破裂);沸点在 130℃以上的必须用空气冷凝管。

(3) 温度计插入的位置应使汞球的上端与蒸馏瓶支管口的下侧相平,温度计必须插在塞子的正中,勿与瓶壁接触。

(4) 蒸馏瓶的侧管应插入冷凝管内 4~5cm。

(5) 被蒸馏液体可用玻璃棒或漏斗加入蒸馏瓶中(如有干燥剂时,需用棉花或滤纸过滤)以免流入侧管中。

(6) 冷凝器的冷水应由下口(朝下)通入,上口(朝上)流出,冷凝水应在加热前通入。

(7) 蒸馏任何液体在加热前加入 2~3 块止爆剂,以助汽化及防止爆沸,蒸馏中途严禁加入,万一中途补加,必须降温后方可加入。对于中途停止蒸馏的液体,在重新蒸馏前,应补加新的止爆剂。

(8) 整个装置不能密闭,以免由于加热或有气体产生使瓶内压力增大而发生爆炸。一般冷凝管或尾接管与接受器之间不加塞子,若蒸馏液易燃,则应用塞子将连接管与接受器连接起来,并在连接管的侧管上接一橡皮管通入水槽或引到室外(如蒸乙醚),若蒸馏液易吸水,应在接收瓶或连接管的侧管上装一干燥管与大气相通,以防吸收水分。

(9) 根据蒸馏液体的沸点来选用适当的热源。

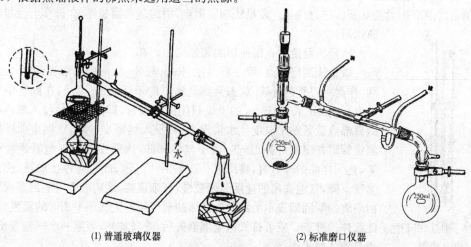

(1) 普通玻璃仪器　　　　(2) 标准磨口仪器

图 2-27　常用蒸馏装置

2.9.2.2 加料

仪器安装好后,应认真检查,然后将待蒸馏液体通过玻璃漏斗倒入蒸馏瓶中,加入助沸物,塞好带温度计的塞子。再一次检查仪器各部位连接处是否严密,是否为全封闭体系,若是全封闭体系应予以纠正。

2.9.2.3 加热

接通冷却水引入水槽且放好热源。开始加热,可以看到蒸馏瓶中液体逐渐沸腾,蒸气上升,温度计读数略有上升。当蒸气到达温度计汞球部位时,温度计读数急剧上升。这时应稍稍调小火焰,使加热温度略为下降,蒸气停留在原处,使瓶颈和温度计受热,让汞球上液滴和蒸气温度达到平衡,然后用稍大火焰进行蒸馏。控制加热以调节蒸馏速度,通常以每秒蒸出1~2滴为宜。蒸馏过程中,温度计汞球上常有液滴,此时的温度即为液体与蒸气达到平衡时的温度,温度计的读数就是液体(馏出液)的沸点。蒸馏时火焰不能太大,否则会在蒸馏瓶的颈部造成过热现象,使部分液体的蒸气直接受到火焰加热,这样温度计的读数偏高;另一方面如加热火焰太小,蒸气达不到支管口处,温度计的汞球不能为蒸气充分浸润而使温度计的读数偏低或不规则。

2.9.2.4 收集馏液

在达到收集物的沸点之前,常有沸点较低的液体先蒸出,这部分馏液称为"前馏分"或"馏头"。前馏分蒸完,温度趋于稳定后,馏出的就是较纯物质,这时应更换接收器。记下开始馏出和最后一滴时的温度,就是该馏分的沸程(沸点范围)。当一化合物蒸完后,若维持原来温度就不会再有馏液蒸出,温度会突然下降。遇到这种情况,应停止蒸馏,即使杂质含量很少,也不要蒸干,以防由于温度升高,被蒸馏物分解影响产品纯度或发生其他意外事故。特别是蒸馏硝基化合物及含有过氧化物的溶剂时,切忌蒸干,以防爆炸。

液体的沸点范围可代表其纯度。纯的液体沸点范围一般不超过1~2℃。蒸馏通常只适用于分离沸点相差较大的混合物。

2.9.2.5 装置的拆除

蒸馏完毕后,应先停火,移走热源,待稍冷却后关好冷却水,拆除仪器。

2.9.3 沸点的测定

沸点的测定有常量法和微量法两种。液体不纯,沸程则较宽。因此,不管用哪种方法来测定沸点,在测定之前必须设法对液体进行纯化。常量法测定沸点,用的是蒸馏装置,在操作上也与简单蒸馏相同。

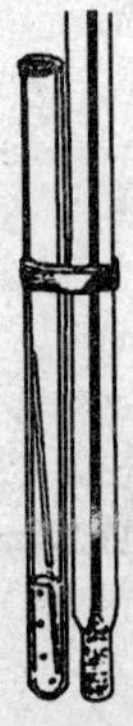

微量法测定沸点所使用的装置见图2-28。

微量法测定沸点:取一根内径5mm、长8~9cm的毛细管,用小火封闭一端,作为沸点管的外管,放入欲测定沸点的苯样品4~5滴,在此管中放入一支内径1mm、长5~6cm的上端封闭的毛细管,即其开口处浸入样品中。把微量沸点管紧贴于温度计水银泡旁,并浸入热浴中,像熔点测定那样把沸点测定管附在温度计旁,加热,由于气体膨胀,内管中有小气泡断断续续冒出来,达到样品的沸点时,将出现一连串的小气泡,此时应停止加热,使热浴的温度下降,气泡逸出的速度渐渐减慢,仔细观察,最后一个气泡出现而刚欲缩回内管的瞬间即表示毛细管内液体的蒸气压与大气压平衡时的温度,亦就是此液体的沸点。或者待气泡全部消失后,重新加热,当第一个气泡冒出现时,也是液体的沸点。

图2-28 沸点(微量法)测定装置

微量法测定沸点应注意三点：第一，加热不能过快，被测液体不宜太少，以防液体全部汽化；第二，沸点内管里的空气要尽量赶干净，正式测定前，让沸点内管里有大量气泡冒出，以此带出空气；第三，观察要仔细及时并重复几次，其误差不得超过1℃。（请思考：如果加热过猛，测定出来的沸点会不会偏高？为什么？）

2.10 分　　馏

沸点相差不太大的两种或两种以上互溶的液体组成的一种溶液用普通蒸馏难以将它们分离和纯化，此时应采用分馏柱，使其能够得到分离和纯化，这种方法称为分馏。分馏已在实验室和化学工业中广泛应用。现在最精密的分馏设备已能将沸点相差1~2℃的混合物分开。

2.10.1 分馏原理

分馏的基本原理与蒸馏类似，不同处是在装置上多一分馏柱，使汽化、冷凝的过程由一次改进为多次，简单地说，分馏即是多次蒸馏。

对于各组分沸点（或者说是挥发度）相差较大的混合物，用普通蒸馏可以将各组分比较好地分离开。然而沸点相差不大的混合物，沸腾时，气相中各组分的摩尔分数相差不大。对于这种混合物用普通蒸馏的方法很难把各组分分离开。用多次反复蒸馏的办法，显然是手续烦，费时多，损耗大。因此实际上很少采用。分馏是通过在分馏柱中进行多次的部分汽化和冷凝，既能克服多次普通蒸馏的缺点，又可有效地分离沸点相近的混合物。

为了简化，仅从混合物为二组分的理想溶液的特定条件来进行讨论。所谓理想溶液，就是指各组分在混合时无热效应产生，体积没有变化，遵守拉乌尔定律（Raoult law）的溶液。这时，溶液中每一组分的蒸气压等于此纯物质的蒸气压和它在溶液中摩尔分数的乘积。

$$p_A = p_A^* x_A \qquad p_B = p_B^* x_B$$

p_A，p_B 分别为溶液中 A、B 的分压；p_A^*，p_B^* 分别为纯 A 和 B 的蒸气压；x_A、x_B 分别为 A 和 B 在溶液中的摩尔分数。

溶液的蒸气压：

$$P = p_A + p_B$$

根据道尔顿（Dalton）分压定律，气相中每一组分的蒸气压和它的摩尔分数成正比。所以在气相中各组分蒸气的成分为：

$$x_A^{气} = \frac{p_A}{p_A + p_B} \qquad x_B^{气} = \frac{p_B}{p_A + p_B}$$

从上式可以推知，组分 B 在气相中的相对摩尔分数为：

$$\frac{x_B^{气}}{x_B} = \frac{p_B}{p_A + p_B} \cdot \frac{p_B^*}{p_B} = \frac{1}{x_B + \frac{p_A^*}{p_B^*} \cdot x_A}$$

溶液中 $x_A + x_B = 1$，若 $p_A^* = p_B^*$，则 $\frac{x_B^{气}}{x_B} = 1$，表明这时液相成分和气相成分相等。所以 A 和 B 不能用蒸馏（或分馏）的方法进行分离。如 $p_B^* > p_A^*$，则 $\frac{x_B^{气}}{x_B} > 1$，表明沸点较低的 B 在气相中的摩尔分数较在液相中为大（在 $p_B^* < p_A^*$ 时，可作类似的讨论）在将此蒸气冷凝后所得到的液体中，B 的组分比在原来的液体中多，如果将所得的液体再行汽化、冷凝，B 组分的摩尔分数又会有所提高，如此多次反复，最终即可将两组分分开，能形成共沸混合物者除外。分馏就是借分馏柱来实现这种多次反复的蒸馏过程。分馏柱主要是一根长的直玻璃管，柱身为空管或在管中填以特制的填料，其目的是增大气-液接触面积以提高分离效果。在同一分馏柱不同高度的各段，其组分是不同的，相距愈远，组分的差别愈大。用适当高度的分馏柱，选择好填料，控制一定的回流比，操作得当，从柱顶可以得

到较纯的组分。分馏柱内所装的填料之间应保留一定的空隙,要遵守适当紧密且均匀的原则,这样就可以增加回流液体和上升蒸气的接触机会。填料有玻璃(玻璃珠、短段玻璃管)或金属(不锈钢棉、金属丝绕成固定形状),玻璃的优点是不会与有机化合物起反应,而金属则可与卤代烷之类的化合物起反应。在分馏柱底部往往放一些玻璃丝以防止填料下坠入蒸馏容器中。

分馏柱的种类颇多,一般实验室常用的分馏柱有如图 2-29 所示的几种。

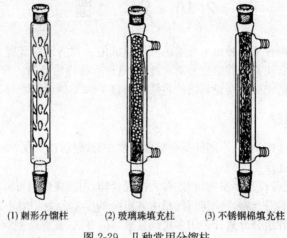

(1) 刺形分馏柱　　(2) 玻璃珠填充柱　　(3) 不锈钢棉填充柱

图 2-29　几种常用分馏柱

2.10.2　简单分馏操作

根据对产品的要求,选择好分馏柱及相应的全套仪器。把待分馏的混合物放入圆底烧瓶中,加入助沸物,按图 2-30 中所示装好分馏装置,仔细检查后进行加热。待液体一开始沸腾,就要注意调节浴温(加热浴均要插温度计),使蒸气慢慢升入分馏柱。一般可用手摸柱顶,若烫手即表示蒸气已达到柱顶。当蒸气上升至柱顶时,温度计汞球即出现液滴。此时可将火调小些,使蒸气仅到柱顶而不进入支管就被全部冷凝回流。这样维持 5 分钟后,再将火调大一些,使馏出液体的速度控制在每 2~3 秒 1 滴,此时可以得到较好的分离效果。待低沸点组分蒸完后,温度计汞柱骤然下降,再逐渐升温,按各组分的沸点分馏出各组分的液体有机化合物。如操作合理,使分馏柱发挥最大能力,可把液体混合物一一分馏出来。

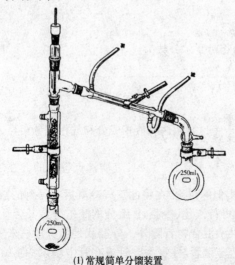 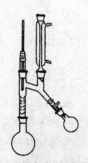

(1) 常规简单分馏装置　　　　　　(2) 微型实验分馏装置

图 2-30　分馏装置

操作时应注意下列几点：①分馏一定要缓慢进行，应控制恒定的蒸馏速度；②要有足够量的液体从分馏柱流回烧瓶，选择合适的回流比；③必须尽量减少分馏柱的热量散失和波动，必要时可用石棉绳包扎分馏柱或控制加热的速度。

2.11 减压蒸馏

分离与纯化有机化合物经常使用减压蒸馏这一重要操作。有些有机化合物往往加热未到沸点即已分解、氧化、聚合，或其沸点很高。因此不能用常压蒸馏的方法进行纯化，而应采用降低体系内压力，以降低其沸点来达到蒸馏纯化目的。减压蒸馏亦称真空蒸馏，一般把低于 101.3kPa 压力的气态空间称为真空，因此真空在程度上有很大的差别。

2.11.1 基本原理

由于液体表面分子逸出所需要的能量随外界压力降低而降低。所以设法降低外界压力，便可降低液体的沸点。沸点与压力的关系可近似地用下式求出：

$$\lg P = A + \frac{B}{T}$$

式中：P 为蒸气压，T 为沸点(热力学温度)，A、B 为常数。如以 $\lg P$ 为纵坐标，T 为横坐标，可以近似地得到一直线。从二组已知的压力和温度算出 A 和 B 的数值。再将所选择的压力代入上式即可算出液体的沸点。但实际上许多化合物沸点的变化不是如此，主要是化合物分子在液体中缔合程度不同。

在实际减压蒸馏中，可以参阅图 2-31，估计一个化合物的沸点与压力的关系。从某一压力下的沸点可推算另一压力下的沸点(近似值)。如某一有机化合物常压下沸点为 250℃，要减压到 2.66kPa(20mmHg)，它的沸点应为多少？可先从图 2-31 中间的 B 直线上找出相当于 250℃ 的沸点，将此点与右边 C 直线上的 2.66kPa(20mmHg) 的点连成一直线，延长此直线与左边的 A 直线相交，交点所示的温度就是 2.66kPa(20mmHg) 时的该有机化合物的沸点，约为 130℃。此法得出的沸点，虽为估计值，但较为简便，实验中有一定参考价值。

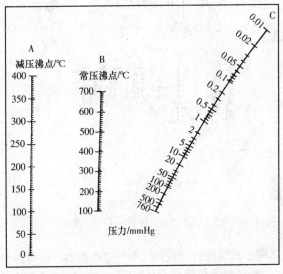

图 2-31 液体在常压、减压下的沸点近似关系图

表 2-6 压力与沸点的关系

压力 Pa(mmHg) \ 化合物	水 (℃)	氯苯 (℃)	苯甲醛 (℃)	水杨酸乙酯 (℃)	甘油 (℃)	蒽 (℃)
10 1325(760)	100	132	179	234	290	354
6665(50)	35	54	95	139	204	225
3999(30)	30	43	84	127	192	207
3332(25)	26	39	79	124	188	201
2666(20)	22	3405	75	119	182	194
1999(15)	1705	29	69	113	175	186
1333(10)	11	22	62	105	167	175
666(5)	1	10	50	95	156	159

表 2-6 列出一些化合物在不同压力下的沸点,从表中可以粗略地看出,当压力降低到 2.66kPa(20mmHg)时。大多数有机化合物的沸点比常压下 101.3kPa(760mmHg)的沸点低 100~120℃左右,当减压蒸馏在 1.333~3.332kPa(10~25mmHg)进行时,大体上压力相差 133.3Pa(1mmHg),沸点相差约 1℃。当要进行减压蒸馏时,预先估计出相应的沸点对具体操作具有一定的参考价值。

2.11.2 减压蒸馏装置

图 2-32 是减压蒸馏装置。一般来讲,减压蒸馏装置可分为三个部分:蒸馏部分、保护及量压部分和减压部分。

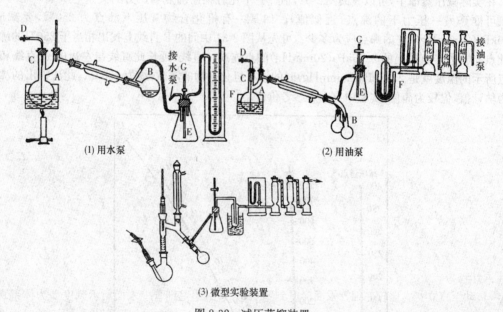

图 2-32 减压蒸馏装置
A. 克氏烧瓶;B. 接收瓶;C. 毛细管;D. 螺丝夹;E. 安全瓶;F. 压力计;G. 两通活塞

(1) 蒸馏部分:减压蒸馏的蒸馏部分的主要仪器与普通蒸馏的仪器类似。由于减压蒸馏的特殊要求,也有些不同的地方。第一,要求仪器必须是耐压的。第二,为了防止液体由于沸腾而冲入冷凝管,除了蒸馏液不能装多(一般约占烧瓶体积 1/3~1/2)外,通常使用克氏(Claisen)蒸馏烧瓶,或者也可以用圆底烧瓶和克氏蒸馏头组成。带支管的一颈插温度计(要求与普通蒸馏相同)。另一颈插入一根毛细管,毛细管的下端离瓶底约 1~2mm,上端接一短橡皮管且插一根细金属丝(直径约

1mm)，用螺旋夹夹住橡皮管，以调节进入的空气。减压抽气时空气从毛细管进入，成为液体的汽化中心，使蒸馏平稳进行。如果空气对蒸馏液有影响，可从毛细管中通入惰性气体（氮气、二氧化碳等）。减压蒸馏的毛细管，要粗细合适。一般检查方法是将毛细管插入少量丙酮或乙醚中，由另一端吹气，若从毛细管一端冒出一连串小气泡，毛细管则合用。第三，根据蒸出液体的沸点不同，选用合适的热浴和冷凝管。一般要控制热浴的温度比液体的沸点高20～30℃。蒸馏沸点较高的有机物时，最好用石棉绳包裹瓶的两颈，以减少散热。第四，收集不同的馏分而不中断蒸馏，可用两股或多股尾接管（图2-33）。多股尾接管的几个分支管用橡皮塞分别和几个接收瓶连接起来，转动多股尾接管，使不同馏分收集到不同的接收瓶中。

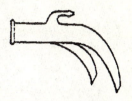

图2-33 多股尾接管

（2）保护和量压部分：使用油泵应注意对油泵的防护保养，为防止有机蒸气、酸性物质和水蒸气进入油泵，必须在油泵与馏液接收器之间顺序地安装冷却阱和几种吸收塔。冷却阱的结构如图2-34所示，将它放入盛有冷却剂的广口保温瓶中，冷却剂的选择根据需要而定，如冰-水、冰-盐、冰、干冰等。吸收塔（又称干燥塔）如图2-35，通常设二到三个，前一个装无水氯化钙（或硅胶），后一个装颗粒状氢氧化钠，再一个装石蜡片以吸收烃类气体。为了防止低沸点物质吸入油泵，应先用水泵减压蒸出低沸点物质，再用油泵进行减压蒸馏。

接收瓶与冷却阱之间，应装上一个安全瓶，如图2-36。瓶上有两通活塞以供调节系统压力及放气之用。

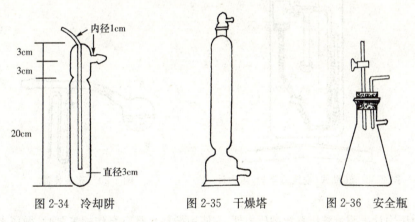

图2-34 冷却阱　　　图2-35 干燥塔　　　图2-36 安全瓶

通常是用汞压力计来测量减压体系的压力。图2-37(1)为开口式汞压力计。这种压力计较为准确，容易装泵，缺点是较笨重，管的高度必须超过760mm，使用时应配有大气压计以便比较，而且由于装汞多，又是开口，若操作不当，汞易冲出，很不安全。图2-37(2)为封闭式汞压力计。两臂汞面高度之差即为蒸馏体系中的真空度。这种压力计比较轻巧，读数方便，但在装汞或使用时常有空气混入，使测出的真空度不准确。图2-37(3)所示的这种封闭式压力计可以避免汞冲破玻璃管的现象，比图2-37(2)压力计较为安全。图2-38是转动式（麦氏真空规）压力计。读数时先开启真空体系的旋塞，稍等一会慢慢转动至直立状。比较毛细管汞面应升到零点，另一封闭毛细管中汞面所示刻度即为体系真空度，其测量范围为133～1.33Pa（1～0.01mmHg）。读数完毕应立即慢慢恢复横卧式，再读数时再慢慢转动，不读时应关闭通真空体系的旋塞。这种真空规应用十分方便，测量真空度快而简单。

压力计不应长时间开放，在需要观测压力计时才开启旋塞，停止油泵工作前，应先关闭旋塞后再慢慢放气，以免汞柱突增冲破玻璃管。

图2-39是充泵装置。充泵的方法是先把清洁的泵放入小圆底烧瓶内，接好压力计（注意应有安全瓶装置，压力计的玻璃管内径不小于7～8mm），然后用油泵抽到13Pa（0.1mmHg）以下，一面轻轻拍打小烧瓶，使汞内部的气泡逸出，并用电吹风或小火微热玻璃管使附着于管壁的气体被抽走，再将汞灌入压力计，停止抽气，接通大气即可。

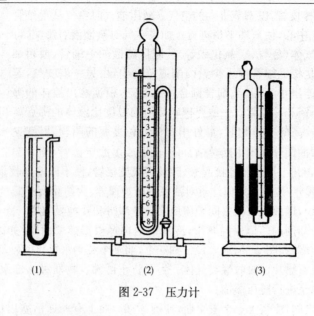

图 2-37 压力计

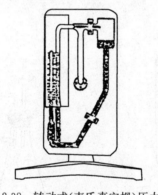

图 2-38 转动式(麦氏真空规)压力计

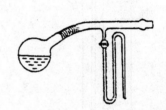

图 2-39 充泵装置

除了用汞压力计来测量减压系统的压力外,在使用循环水真空泵作抽气泵时,循环水真空泵上直接连接了一个真空表,它能够直接显示系统的真空度,它的读数范围从 0~0.1MPa。因此可以用以下公式计算出体系的内压。

体系内压＝大气压－真空度

＝实验时的实际大气压(mmHg)－7500×真空表读数(mmHg)

(3) 减压部分:常用水泵、循环水真空泵和油泵等几种。

1) 水泵:是用玻璃或金属制成(图 2-40),其效能与其结构、水压及水温有关。水泵所能达到的最低压力理论上为当时水温的蒸气压。实际上一般可达 0.93N 3.33kPa(7~25mmHg)。在水泵前一般不需要冷却阱和净气等装置,但仍应装安全瓶,防止水压突降造成倒吸,停止使用时,应打开安全瓶旋塞与大气相通,再关水泵。泵内不能有渣子,否则影响真空度。

2) 循环水真空泵:循环水真空泵的效能和水泵相似,但操作简便,且是使用循环水,又节约了用水,是实验室中最常采用的一种装置。使用循环水真空泵需要注意的是,连续使用时间不可过长,否则会使循环水的水温升高太多,水的蒸气压增加,影响真空度,若需长时间使用,应及时换水以降低水温。

3) 油泵:油泵的效能,常决定于油泵的机械结构及泵油的好坏。泵油的蒸气压必须低,一般使用精炼的高沸点矿物油,使最低压力达到 13~0.1Pa(0.1~0.001mmHg)。

减压蒸馏的整个体系要通畅又要密封,各种仪器的连接应尽量紧凑些。为此,在实验室里可设计一个小推车(图2-41),既便于移动,又不占用实验台。

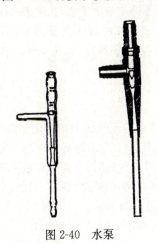

图 2-40 水泵

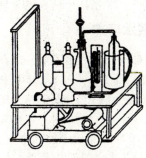

图 2-41 油泵推车

2.11.3 操作顺序

(1) 安装好装置,仔细检查整个体系:玻璃仪器是否有破裂,接头部分是否密合。

(2) 旋紧毛细管上螺旋夹,关闭安全瓶上的活塞,抽气,试验装置的气密性(毛细管通大气,并不密闭)。待压力稳定后,看压力是否符合要求,若压力降不下来,找出漏气的原因,要逐段检查,只有压力达到要求,才可以进行下步操作。

(3) 逐渐开启安全瓶上的活塞,直至完全敞开,再关上抽气泵。

(4) 将欲蒸馏的液体加到蒸馏瓶内,重复(2)、(3),直至合乎要求。

(5) 开始加热,调节螺旋夹使毛细管的进气量能保证液体平稳沸腾。待压力稳定后,读数。查压力与沸点关系图,找出当前压力下的理论沸点。

(6) 在接近理论沸点时,更换接收器,再继续加热,直至在沸点要求内的馏出液蒸完为止(蒸馏速度应控制在每秒1～2滴)。记录压力和实际沸点等数据。

(7) 关闭热源,打开螺旋夹,逐渐打开安全瓶活塞,直至完全敞开,最后关上抽气泵。

2.11.4 注意事项

(1) 仪器要耐压,不能用锥形瓶做接收装置。

(2) 装置要密闭不透气。

(3) 减压毛细管的安装调节要注意,既要能有少量空气进入蒸馏瓶,防止蒸馏液冲入冷凝管,又要保证体系内压能达到所需要求。

(4) 温度计的位置与普通蒸馏装置相同。

(5) 蒸馏瓶内的液体应为其容量的1/3～1/2,否则蒸馏液容易冲出来。

(6) 用橡胶管连接的部分一般采用厚壁橡胶管。

(7) 含有低沸点溶剂时,一般先在常压下回收大部分溶剂后,再用水泵抽,最后用油泵抽。

(8) 蒸馏完毕应先打开安全瓶活塞,再关抽气泵,防止倒吸。

2.12 水蒸气蒸馏

水蒸气蒸馏是纯化分离有机化合物的重要方法之一。此法常用于下列几种情况:①反应混合物中含有大量树脂状杂质或不挥发性杂质;②要除去易挥发的有机物;③从固体多的反应混合物中分离被吸附的液体产物；④某些有机物在达到沸点时容易被破坏，采用水蒸气蒸馏可在100℃以下蒸出。但使用这种方法，被提纯化合物应具备下列条件：①不溶或难溶于水，如溶于水则蒸气压显著下降，例如丁酸比甲酸在水中的溶解度小，所以丁酸比甲酸易被水蒸气蒸馏出来，虽然甲酸的沸点(101℃)较丁酸的沸点(162℃)低得多；②在沸腾下与水不起化学反应；③在100℃左右，该化合物应具有一定的蒸气压(一般不小于1.333kPa或10mmHg)。

2.12.1 基本原理

当水和不(或难)溶于水的化合物一起存在时，整个体系的蒸气压力根据道尔顿分压定律，应为各组分蒸气压之和。即 $P = p_A + p_B$，其中 P 为总的蒸气压，p_A 为水的蒸气压，p_B 为不溶于水的化合物的蒸气压。当混合物中各组分的蒸气压总和等于外界大气压时，混合物开始沸腾。这时的温度称为它们的沸点。所以混合物的沸点将比其中任何一组分的沸点都要低些。因此，常压下应用水蒸气蒸馏，能在低于100℃的情况下将高沸点组分与水一起蒸馏出来。蒸馏时混合物的沸点保持不变，直到其中一组分几乎全部蒸出(因为总的蒸气压与混合物中二者相对量无关)。混合物蒸气压中各气体分压之比(p_A, p_B)等于它们的物质的量之比。

即

$$\frac{n_A}{n_B} = \frac{p_A}{p_B}$$

式中：n_A 为蒸气中含有 A 的物质的量，n_B 为蒸气中含有 B 的物质的量。而

$$n_A = \frac{m_A}{M_A} \qquad n_B = \frac{m_B}{M_B}$$

式中：m_A、m_B 为 A、B 在容器中蒸气的质量；M_A、M_B 为 A、B 的摩尔质量。
因此

$$\frac{m_A}{m_B} = \frac{M_A n_A}{M_B n_B} = \frac{M_A p_A}{M_B p_B}$$

两种物质在馏出液中相对质量(也就是在蒸气中的相对质量)与它们的蒸气压和摩尔质量成正比。以溴苯为例，溴苯的沸点为156.12℃，常压下与水形成的混合物于95.5℃时沸腾，此时水的蒸气压力为86.1kPa(646mmHg)，溴苯的蒸气压为15.2kPa(114mmHg)。总的蒸气压 = 86.1kPa + 15.2kPa = 101.3kPa(760mmHg)。因此混合物在95.5℃沸腾，馏出液中二物质之比：

$$\frac{m_\text{水}}{m_\text{溴苯}} = \frac{18 \times 86.1}{157 \times 15.24} = \frac{6.5}{10}$$

就是说馏出液中有水6.5g，溴苯10g；溴苯占蒸出物61%。这是理论值，实际蒸出的水量要多一些，因为上述关系式只适用于不溶于水的化合物，但在水中完全不溶的化合物是没有的，所以这种计算只是近似值。又例如苯胺和水在98.5℃时，蒸气压分别为 5.7kPa(43mmHg)和 95.5kPa(717mmHg)，从计算得到馏出液中苯胺的含量应占23%，但实际得到的较低，主要是苯胺微溶于水所引起的。应用过热水蒸气可以提高馏液中化合物的含量，例如：苯甲醛(沸点178℃)进行水蒸气蒸馏，在97.9℃沸腾[这时 $p_A = 93.7\text{kPa}(703.5\text{mmHg})$，$p_B = 7.5\text{kPa}(56.5\text{mmHg})$]，馏液中苯甲醛占32.1%，若导入133℃过热蒸气，这时苯甲醛的蒸气压可达29.3kPa(220mmHg)。因而水的蒸气压只要71.9kPa(540mmHg)就可使体系沸腾。因此

$$\frac{m_A}{m_B} = \frac{71.9 \times 18}{29.3 \times 106} = \frac{41.7}{100}$$

这样馏出液中苯甲醛的含量提高到70.6%。操作中蒸馏瓶应放在比蒸气压高约10℃的热浴中。

在实际操作中，过热蒸气还应用在100℃时仅具有133~666Pa(1~5mmHg)蒸气压的化合物。例如在分离苯酚的硝化产物时，邻硝基苯酚可用水蒸气蒸馏出来，在蒸馏完邻位异构体以后，再提高水蒸气温度也可以蒸馏出对位产物。

2.12.2 装置和操作要点

2.12.2.1 水蒸气蒸馏装置

常用的水蒸气蒸馏装置如图 2-45,它比普通蒸馏装置多一个水蒸气发生器,蒸馏瓶中也有所不同。

(1) 水蒸气发生器:水蒸气发生器见图 2-42。A 是铜或铁制品,其中水的液面可从侧面玻璃管中观察。B 是一根长玻璃管,起安全管作用。管的下端接近器底。蒸馏过程中可根据 B 管中水位的高低与升降情况来判断体系是否堵塞,以保证操作的安全。水蒸气发生器也可用烧瓶代替。

需要过热蒸气进行蒸馏时,可在水蒸气发生器的出口处连接一段金属盘管,用灯焰加热,水蒸气通过盘管,即可变成过热水蒸气。

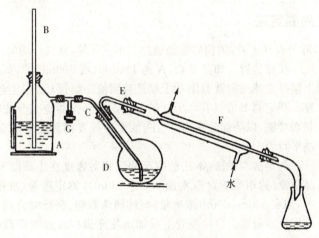

图 2-42　水蒸气蒸馏装置
A. 水蒸气发生器;B. 安全管;C. 水蒸气导管;D. 长颈圆底烧瓶;
E. 馏出液导管;F. 冷凝管;G. 安全阀(螺旋夹)

(2) 蒸馏瓶:为了避免飞溅的液体泡沫被蒸气带进冷凝管中,应使用长颈的圆底烧瓶,而且安装时要有一定的倾斜角度,瓶内所盛液体不能超过容量的 1/3。瓶口配双孔塞,插入水蒸气导入管和混合物蒸气导出管,导管弯曲角度如图 2-42 所示。有时用进行反应的三颈瓶代替圆底烧瓶较为方便,装置如图 2-43。

图 2-43　用三颈瓶进行水蒸气蒸馏

水蒸气发生器与水蒸气导管之间必须连接一个 T 形三通管,通过调节螺旋夹的开关以防止蒸馏液倒吸。

水蒸气冷凝时放热较多,所以水蒸气蒸馏用的冷凝管应长一些,冷却水的流速也应大一些。

水蒸气通过管道容易散热,水蒸气发生器和水蒸气导入管应适当紧凑一些,不宜太长,否则水蒸气冷凝成水,温度降低。

2.12.2.2 操作要点

进行水蒸气蒸馏时,先将反应混合物放入长颈圆底烧瓶。把T形管上的螺旋夹打开,加热水蒸气发生器使水沸腾,当有水蒸气从T形管冲出时,关紧螺旋夹,使水蒸气通入烧瓶中。为了使水蒸气不致在烧瓶中冷凝而积累过多,在通入水蒸气前可在烧瓶下放一石棉网,用小火加热。蒸馏过程中如果安全管内水柱从顶端喷出,说明蒸馏体系内压力增高,应立即打开螺旋夹,移走热源,停止蒸馏,检查管道有无堵塞。如果蒸馏瓶内压力大于水蒸气发生器内的压力,将产生液体倒吸,也应立即打开螺旋夹。

如待蒸馏物的熔点高,冷凝后析出固体,则应调小冷凝水的流速或停止冷凝水流入,甚至将冷凝水放出,待物质熔化后再小心而缓慢地通入冷却水。

当馏出液澄清透明,不再含有油珠状的有机物时,即可打开螺旋夹,移去热源,停止蒸馏。馏出物和水的分离方法,根据具体情况决定。

2.12.3 挥发油测定法

测定用的供试品,除另有规定外,须粉碎使能通过二至三号筛,并混合均匀。

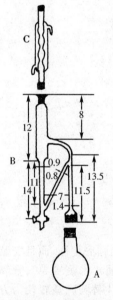

图 2-44 挥发油测定装置

仪器装置 如图 2-44,A 为 1000ml(或 500ml、2000ml)的硬质圆底烧瓶。上接挥发油测定器 B,B 的上端连接回流冷凝管 C。以上各部均用玻璃磨口连接。测定器 B 应具有 0.1ml 的刻度。全部仪器应充分洗净,并检查接合部分是否严密,以防油分逸出。(注:装置中挥发油测定器的支管分岔处应与基准线平行。)

测定法 甲法:本法适用于测定相对密度在 1.0 以下的挥发油。取供试品适量(约相当于含挥发油 0.5～1.0ml),称重量(准确至 0.01g),置烧瓶中,加水 300～500ml(或适量)与玻璃珠数粒,振摇混合后,连接挥发油测定器与回流冷凝管。自冷凝管上端加水使充满挥发油测定器的刻度部分,并溢流入烧瓶时为止。置电热套中或用其他适宜方法缓缓加热至沸,并保持微沸约 5 小时,至测定器中油量不再增加,停止加热,放置片刻,开启测定器下端的活塞,将水缓缓放出,至油层上端到达刻度 0 线上面 5mm 处为止,放置 1 小时以上,再开启活塞使油层下降至其上端恰与刻度 0 线平齐,读取挥发油量,并计算供试品中含挥发油的百分数。

乙法:本法适用于测定相对密度在 1.0 以上的挥发油。取水约 300ml 与玻璃珠数粒,置烧瓶中,连接挥发油测定器。自测定器上端加水使充满刻度部分,并溢流入烧瓶时为止,再用移液管加入二甲苯 1ml,然后连接回流冷凝管。将烧瓶内容物加热至沸腾,并继续蒸馏,其速度以保持冷凝管的中部呈冷却状态为度。30 分钟后,停止加热,放置 15 分钟以上,读取二甲苯的容积。然后照甲法自"取供试品适量"起,依法测定,自油层量中减去二甲苯量,即为挥发油量,再计算供试品中含挥发油的百分数。

2.13 升 华

升华是纯化固体有机化合物的又一种手段,与蒸馏不同,它是直接由固体有机物受热汽化为蒸气,然后由蒸气又直接冷凝为固体的过程。表 2-7 列出了一些化合物的熔点、沸点及升华温度,从中也可看出升华温度较其在相同真空度下蒸馏的温度低。由于升华是由固体直接汽化,因此并不是所有固体物质都能用升华方法来纯化,而只能适用于那些在不太高的温度下有足够大蒸气压力高于 2.666kPa(20mmHg)的固体物质。利用升华方法可除去不挥发杂质,或分离不同挥发度的固体混合物。其优点是纯化后的物质纯度比较高,但操作时间长,损失较大。因此实验室里一般用于较少量(1～2g)化合物的纯化。

表 2-7 化合物的熔点、沸点及升华温度

化合物	相对分子质量	熔点(℃)	沸点(℃)			在 0.13×10⁻³kPa 下升华最初温度(℃)
			101.3kPa(760mmHg)	1.9kPa(15mmHg)	0.13×10⁻³kPa(10⁻³mmHg)	
菲	178	101	340		95.5	20
月桂酸	200	43.7		176	101	22
肉豆蔻酸	228	53.8		196.5	121	27
甲基异丙基菲	234	98.5	390	216(11)	135	36
蒽醌	208	285	380			36
菲醌	208	207	>360			36
茜素	240	289	430		153	38
硬脂酸	284	71.5	~371	232	154.5	38
月桂酮	338	70.3				40
肉豆蔻酮	394	76.5				46
棕榈酮	451	82.8				53
硬脂酮	506	88.4		345(12)		58
三十二烷	450	70.5		310	202	63

2.13.1 基本原理

对称性较高的固体物质,其熔点一般较高,并且在熔点温度以下往往具有较高的蒸气压,因此这类物质常常采用升华的方法来提纯。

为了深入地了解升华的原理,首先应研究固、液、气三相平衡,如图 2-45。ST 表示固相与气相平衡时固相的蒸气压曲线。TW 是液相与气相平衡时液相的蒸气压曲线。TV 为固相与液相的平衡曲线,此曲线与其他两曲线在 T 处相交。T 为三相点,在这一温度和压力下,固、液、气三相处于平衡状态。各化合物在固态、液态相互处于平衡状态时的温度与压力是各不相同的。也就是说各化合物的三相点不相同。严格地说,一个化合物的真正熔点是固、液两相在大气压下处于平衡状态时的温度。在三相点 T 的压力是固、液、气三相处于平衡状态的蒸气压,所以三相点的温度和真正的熔点有些差别。然而这种差别非常小,通常只是几分之一度,因此在一定的压力下,TV 曲线偏离垂直方向很小。

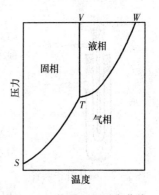

图 2-45 物质三相平衡曲线

从图 2-45 可见,在三相点以下,化合物只有气、固两相。若温度降低,蒸气就不再经过液态而直接变为固态。所以一般的升华操作在三相点温度以下进行。若某化合物在三相点温度以下的蒸气压很高,则汽化速度很大,这样就很容易从固态直接变成蒸气,而且此化合物蒸气还随温度降低而下降,稍一降低温度,即可由蒸气直接变成固体,此化合物在常压下比较容易用升华方法来纯化。例如:六氯乙烷的三相点温度为 186℃,压力为 103.9kPa(780mmHg)。在 185℃时的蒸气压已达 101.3kPa(760mmHg),因而在低于 186℃时就完全由固相直接挥发成蒸气,中间不经过液态阶段,而樟脑的三相点温度为 179℃,压力为 49.3kPa(370mmHg)。在 160℃时蒸气压为 29.1kPa(218.5mmHg),未达到熔点时已有相当高的蒸气压,只要缓慢地加热至低于 179℃时,

它就可以升华。蒸气遇到冷的表面就凝结于上面,这样蒸气压始终维持在 49.3kPa,直到升华完毕。假使很快地将樟脑加热,蒸气压超过三相点的平衡压力,则开始熔化为液体,所以升华时加热应缓慢。

和液态化合物的沸点相似,固体化合物的蒸气压等于固体化合物表面所受压力时的温度,即为该固体化合物的升华点。

常压下不易升华的物质,如在减压下升华,可得到较满意的结果。也可采用在减压下通入少量空气或惰性气体以加快蒸发的速度,通入气体应注意通入的量,以不影响真空度为好。

2.13.2 常压升华

通用的常压升华装置如图 2-46(1)～(3)所示,必须注意冷却面与升华物质的距离应尽可能近些。因为升华发生在物质的表面,所以待升华物质应预先粉碎。

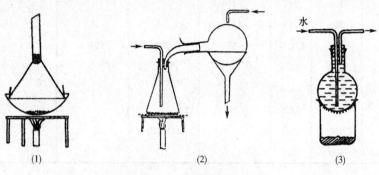

图 2-46 常压升华装置

将升华物质放入蒸发皿中,见图 2-46(1),铺均匀,上面覆盖一张穿有很多小孔的滤纸,然后将大小合适的玻璃漏斗倒盖在上面,漏斗颈口塞一点棉花或玻璃毛,以减少蒸气外逸。在石棉网上缓慢加热蒸发皿(最好用砂浴或其他热浴),小心调节火焰,控制浴温低于升华物质的熔点,使其慢慢升华。蒸气通过滤纸孔上升,冷却后凝结在滤纸上或漏斗壁。必要时漏斗外可用湿滤纸或湿布冷却。

通入空气或惰性气体进行升华的装置见图 2-46(2),当物质开始升华时,通入空气或惰性气体,以带出升华物质,遇冷(或用自来水冷却)即冷凝于壁上。

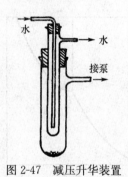

图 2-47 减压升华装置

2.13.3 减压升华

减压升华装置如图 2-47,把待升华的固体物质放入吸滤管中,用装有"冷凝指"的橡皮塞严密地塞住管口,利用水泵或油泵减压,吸滤管浸入水浴或油浴中,缓慢加热,升华物质冷凝于指形冷凝管的表面。

无论常压或减压升华,加热都应尽可能保持在所需要的温度,一般常用水浴、油浴等热浴进行加热较为稳妥。

2.14 折光率的测定

2.14.1 基本原理及应用

光在各种介质中的传播速度都不相同,当光线通过两种不同介质的界面时会改变方向。光改变方向(即折射)是因为它的速度在改变。当光线从一种介质进入另一种介质时,由于在两介质中光速的不同,在分界面上发生折射现象,而折射角与介质密度、分子结构、温度以及光的波长等有关。若将空气作为标准介质,并在相同条件下测定折射角,经过换算后即为该物质的折光率。

用斯内尔(Snell)定律表示:
$$n = \sin\alpha/\sin\beta$$

α 是入射光(空气中)与界面垂直线之间的夹角。β 是折射光(在液体中)与垂直线之间的夹角。入射角正弦与折射角正弦之比等于介质 B 对介质 A 的相对折光率,见图 2-48。单色光要比白光可测得更为精确的折光率。所以测定折光率时用钠光($\lambda=589$nm)。

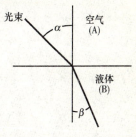

图 2-48 光的折射

折光率是液体有机化合物重要的特性常数之一。由折光仪测定,常用的是阿贝(Abbe)折光仪。由于操作简便,容易掌握,所以是有机化学实验室的常用仪器,多用于以下几个方面的测定。

(1) 测定所合成的已知化合物折光率与文献值对照,可作为鉴定有机化合物纯度的标准之一。

(2) 合成未知化合物,经过结构及化学分析确证后,测得的折光率可作为一个物理常数记载。

(3) 将折光率作为检测原料、溶剂、中间体及最终产品纯度的依据之一。一般多用于液体有机化合物。

化合物的折光率与它的结构及入射光线的波长、温度、压力等因素有关。由于通常大气压的变化,影响不明显,只是在精密的工作中,才考虑压力因素。所以,在测定折光率时必须注明所用的光线和温度,常用 n_D^t 表示。D 是以钠光灯的 D 线(589nm)作光源,常用的折光仪虽然是用白光为光源,但用棱镜系统加以补偿,实际测得的仍为钠光 D 线的折射率。t 是测定折射率时的温度。例如 $n_D^{20}1.3320$ 表示 20℃时,该介质对钠光灯的 D 线折光率为 1.3320。

一般地讲,当温度增高 1℃时液体有机化合物的折光率就减少 $3.5\times10^{-4}\sim5.5\times10^{-4}$(参见表 2-8)。某些有机物,特别是测定折光率时的温度与其沸点相近时,其温度系数可达 7×10^{-4}。为了便于计算,一般采用 4×10^{-4} 为其温度变化系数。这个粗略计算,当然会带来误差。为了精确起见,一般折光仪应配有恒温装置。

表 2-8 不同温度下纯水和乙醇的折光率

温度(℃)	水的折光率 n_D^t	乙醇(99.8%)的折光率 n_D^t
14	1.33348	
18	1.33317	1.36129
20	1.33299	1.36048
24	1.33262	1.35885
28	1.33219	1.35721
32	1.33164	1.35557

2.14.2 阿贝折光仪结构

阿贝折光仪结构见图 2-49,主要组成部分是两块直角棱镜,上面一块是光滑的,下面的表面是磨砂的,可以开启。左面有一个镜筒和刻度盘,刻有 1.3000~1.7000 的格子。右面也有一个镜筒,是测量望远镜,用来观察折光情况,筒内装有消色散镜。光线由反射镜反射入下面的棱镜,发生漫射,以不同入射角射入两个棱镜之间的液层,然后再射到上面棱镜光滑的表面上。由于它的折光率很高,一部分光线可以再经折射进入空气而达到测量镜,另一部分光线则发生全反射。调节螺旋以使测量镜中的视野如图 2-49 所示。从读数镜中读出折光率。

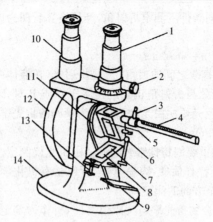

图 2-49 阿贝折光仪结构

1. 测量望远镜 2. 消色散手柄 3. 恒温出水口 4. 温度计 5. 测量棱镜 6. 铰链 7. 辅助棱镜 8. 加液槽 9. 反射镜 10. 读数望远镜 11. 转轴 12. 刻度盘罩 13. 锁钮 14. 底座

2.14.3 阿贝折光仪的操作及保养方法

2.14.3.1 操作方法

提供测定折光率的样品,应以分析样品的标准来要求,被测液体的沸点范围要窄,若其沸点范围过宽,测出的折光率意义不大。例如折光率较小的 A,其中混有折光率较大的液体 B,则测得折光率偏高。其具体操作如下所述。

(1) 将折光仪与恒温水浴连接,调节所需要的温度,同时检查保温套的温度计是否精确。一切就绪后,打开直角棱镜,用丝绢或擦镜纸沾少量乙醇或丙酮轻轻擦洗上下镜面,不可来回擦,只可单向擦。待晾干后方可使用。

(2) 阿贝折光仪的量程为 1.300 0～1.700 0,精密度为±0.000 1,温度应控制在±0.1℃的范围内。恒温达到所需要的温度后,将要测样品的液体 2～3 滴均匀地置于磨砂面棱镜上,滴加样品时应注意切勿使滴管尖端直接接触镜面,以防造成刻痕。关紧棱镜,调好反光镜使光线射入。滴加液体过少或分布不均匀,就看不清楚。对于易挥发液体,应以敏捷熟练的动作测其折光率。

(3) 先轻轻转动左面刻度盘,并在右面镜筒内找到明暗分界线。若出现彩色带,则调节消色散镜,使明暗界线清晰。再转动左面刻度盘,使分界线对准交叉线中心,记录读数与温度,重复 1～2 次。

(4) 测完后,应立即以上法擦洗上下镜面,晾干后再关闭。在测定样品之前,对折光仪应进行校正。通常先测纯水的折光率,将重复两次所得纯水的平均折光率与其标准值比较。校正值一般很小,若数值太大,整个仪器应重新校正。

2.14.3.2 保养方法

平常使用折光仪,应注意保养,其具体办法如下所述。

(1) 折光仪棱镜必须保护,不能在镜面上造成刻痕。不能测定强酸、强碱及有腐蚀性的液体。也不能测定对棱镜、保温套之间的黏合剂有溶解性的液体。

(2) 每次使用前后,应仔细认真地擦洗镜面,待晾干后再关上棱镜。

(3) 仪器在使用或储存时均不得曝露于阳光中。不用时应放入木箱内,木箱置于干燥地方。放入前应注意将金属夹套内的水倒干净,管口用东西封起来。

(4) 经常做彻底擦洗和检查。

2.15 旋光度的测定

某些有机化合物因具有手性,能使偏光振动平面旋转,使偏光振动向左旋转的为左旋性物质,使偏光振动向右旋转的为右旋性物质。

一个化合物的旋光性,可用它的比旋光度(specific rotation)或分子旋光度(molecular rotation)来表示。物质的旋光度与溶液浓度、溶剂、温度、旋光管长度和所用的波长等都有关系。因此在测定旋光度时各有关因素都应表示出来。

$$\text{纯液体的比旋光度} = [\alpha]_\lambda^t = \frac{\alpha}{l \cdot \rho}$$

或

$$\text{溶液的比旋光度} = [\alpha]_\lambda^t = \frac{\alpha}{l \cdot \rho_B} \times 100$$

式中:$[\alpha]_\lambda^t$ 表示旋光性物质在 t 时,光源的波长为 λ 时的比旋光度;t 为测定时的温度;λ 为光源的光波长;α 为标尺盘转动角度的读数(即旋光度);l 为旋光管的长度(以 dm 为单位);ρ 为密度;ρ_B 为质量浓度[100ml 溶液中所含样品的质量(单位为 g)]。

2.15.1 旋光仪的基本结构

比旋光度是物质特性量度之一,测定旋光度,可以检定旋光性物质的纯度和含量。测定旋光度的仪器叫旋光仪,其基本结构和光路示意图如 2-50 所示。

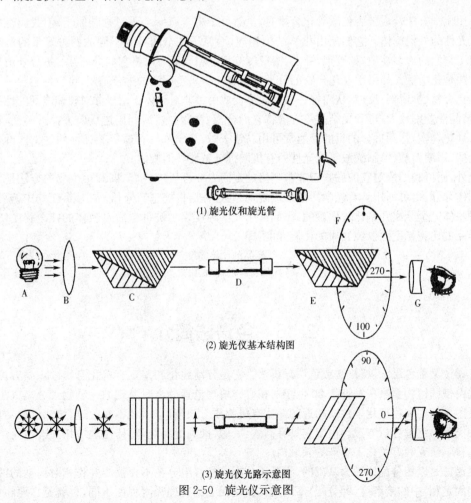

(1) 旋光仪和旋光管

(2) 旋光仪基本结构图

(3) 旋光仪光路示意图

图 2-50　旋光仪示意图

图中 A 为单色光源，一般用钠光灯。B 为聚焦透镜，C 为尼柯尔棱镜(Nicol prism)，即起偏镜。将 A 发出的非偏振光，转变成只向平行平面振动的光，即偏振光。偏振光通过盛有旋光性化合物的样品管 D 后，振动平面即旋转一个角度，通过第二个尼柯尔棱镜 E 即检偏镜。这一棱镜可随着装有目镜 G 的刻度盘 F 旋转，以观察偏振光的旋转角 α。

2.15.2 操作步骤

(1) 旋光仪零点的校正：在测定样品前，先校正旋光仪的零点。将放样品用的管子洗净，装上蒸馏水，使液面凸出管口，将玻璃盖沿管口边缘轻轻平推盖好，不能带入气泡，然后旋上螺丝帽盖，使之不漏水，但不可过紧，以免玻璃管产生扭力，使管内有空隙，影响旋光。将已装好蒸馏水的样品管擦干，放入旋光仪内，罩上盖子，开启钠光灯，将标尺盘调在零点左右，旋转粗动、微动手轮，使视场内三部分的明暗相间，界限分明，记下读数，重复操作至少五次，取其平均值。若零点相差太大，则应重新校正。

(2) 溶液样品的配制：准确称取待测样品(如糖)10g，放入 100ml 的容量瓶中，加入溶剂至刻度。一般选择水、乙醇、氯仿等为溶剂。配置的溶液应是透明无杂质，否则应过滤。

(3) 旋光度的测度：测定之前必用已配制的溶液洗旋光管两次，以免有其他物质影响。依上法将样品装入旋光管测定旋光度。这时所得的读数与零点之间的差值即为该物质的旋光度。记下样品管的长度及溶液的温度。然后按公式计算其比旋光度。

2.15.3 旋光异构体的拆分

在用化学方法合成苦杏仁酸等化合物时，虽然分子中含有一个不对称碳原子，但我们得到的只是无旋光性的外消旋体。它们是由化学结构相同，而原子在空间排列不同的两种等量的对映体组成。由于它们的许多性质，如熔点、沸点、溶解度等完全相同而难以将它们分离开。拆分外消旋体最常用方法是化学法。如果手性化合物的分子中含有一个易于反应的拆分基团，可以使它与一个纯的旋光性化合物(拆解剂)反应，从而把一对对映体变成两种非对映体。由于非对映体之间的性质如溶解性、结晶性差别较大，可利用结晶等方法将它们分离、精制。然后利用逆反应去掉拆解剂，得到纯的旋光性化合物，达到拆分的目的。通常可用马钱子碱、奎宁和麻黄碱等旋光性的生物碱拆分酸性外消旋体；用酒石酸、樟脑磺酸等旋光性的有机酸拆分碱性外消旋体。

此外，还可利用酶对它的底物有非常严格的空间专一性反应性能，即利用生化的方法把一对旋光异构体分开；也可利用具有光学活性的吸附剂，通过柱层析把它们分开。在实际工作中，要把一对光学对映体完全分离开是比较困难的，因此常用光学纯度表示被拆分后对映体的纯净程度，它等于实测样品的比旋光度除以纯物质的比旋光度，即

$$光学纯度 = \frac{样品的比旋光度}{纯物质的比旋光度} \times 100\%$$

2.16 色谱法简介

色谱法又称色层法、层析法或色层分析法。它是分离纯化和鉴定有机化合物的重要方法之一。最初是由俄国植物学家茨维特于 20 世纪初在研究植物色素分离时发现的一种物理分离方法，借以分离及鉴别结构和物理化学性质相近的一些有机物质。长期以来，经不断改进，该法已成功地发展为各种类型的色谱分析方法。由于它具有高效、灵敏、准确等特点，已广泛地应用在有机化学、生物化学的科学研究和有关化工生产等领域内。

色谱法是以相分配原理为基础的，它基于分析试样各组分在不相混溶并作相对运动的两相(流动相和固定相)中的溶解度(即分配)不同或在固定相上的物理吸附程度不同，也就是在两相中分配

的不同,而使各组分得以分离。前者称为分配层析,后者称为吸附层析。

分配色谱相当于一种连续性的溶剂萃取,固定在柱内的液体称为固定相,用来冲洗的液体叫做流动相。为了使固定相固定在柱内,需要一种固体,如纤维素、硅胶或硅藻土等吸住它,此固体称为载体或担体。载体本身没有吸附能力,对分离不起作用。分离时是先将含有固定相的载体装在柱内,加入样品溶液后,用适当的溶剂进行洗脱。在洗脱过程中,移动相和固定相发生接触,由于样品各组分在两相之间的分配不同,因此,被移动相带着向下移动的速度也不同,易溶于移动相的组分移动得快,而在固定相中溶解度大的组分就移动慢些,因此得到分离。

吸附色谱主要是用吸附剂将一些物质自溶液中吸附到它的表面上,而后用溶剂洗脱或展开,利用不同化合物在吸附剂上和溶剂之间分配情况的不同而得到分离。

被分析试样可以是气体、液体或固体(溶于合适的溶剂中)。流动相可以是惰性载体、有机溶剂等。固定相则可以是固体吸附剂、水、有机溶剂或涂渍在载体上的低挥发性液体。

根据组分在固定相中作用原理的不同,可分为吸附色谱、分配色谱、离子交换色谱、排阻色谱等;根据操作条件不同,又可分为纸色谱、薄层色谱、柱色谱、气相色谱、高效液相色谱等。

色谱法在有机化学中的应用主要有以下几方面:

(1) 分离混合物:一些结构类似,物理、化学性质相似的混合物,一般应用化学方法分离很困难,但应用色谱法分离,有时可得到满意的结果。

(2) 精制提纯化合物:有机化合物中含有少量结构类似的杂质,不易除去。可利用色谱法分离除去杂质得到纯品。

(3) 鉴定化合物:在条件一致的情况下,纯品化合物在薄层色谱或纸色谱中的比移植(R_f值)是相近似的,因而可利用其帮助鉴定化合物。因影响R_f值的因素较多,故最好用已知样品进行对照。

(4) 检测化学反应是否完成:可利用薄层色谱或纸色谱观察原料色点消失情况,证明反应完成与否。

现按不同操作条件的分析方法分述如下。

2.16.1 纸色谱法

纸色谱(或称为纸上层析)属于分配色谱的一种,通常使用一种特制的滤纸,其可视为惰性载体,以吸附在滤纸上的水或其他溶剂作固定相,单一或混合有机溶剂作流动相(称为展开剂)进行展开分离。由于分析样品内各组分在两相中的分配系数不同而达到分离目的。本法适用于多官能团或极性较强的有机物的分离和鉴定,如糖类和氨基酸的分析。滤纸易于保存,但进行色谱展开时所费时间较长,一般需几小时甚至几十小时。

2.16.1.1 实验操作

(1) 滤纸的选择:用于纸色谱的滤纸厚薄应均匀,全纸平整无折痕,滤纸纤维松紧适宜。用前将滤纸剪成纸条,大小可自行选择,一般约为 3cm×20cm,5cm×30cm 或 8cm×50cm。

(2) 展开剂:根据被分离物质的不同,选用合适的展开剂。展开剂应对被分离物质有一定的溶解度,溶解度太大,被分离物质会随展开剂跑到前沿;太小,则会留在原点附近,使分离效果不好。选择展开剂应注意以下几点:①对能溶于水的化合物,以吸附在滤纸上的水作固定相,以与水能混合的有机溶剂(如醇类)作展开剂;②对难溶于水的极性化合物,以非水极性溶剂(如甲酰胺、N,N-二甲基甲酰胺等)作固定相,以不能与固定相混溶的非极性溶剂(如环己烷、苯、四氯化碳、氯仿等)作展开剂;③对不溶于水的非极性化合物,以非极性溶剂(如液状石蜡等)作固定相,以极性溶剂(如水、含水乙醇、含水酸等)作展开剂;④不能使用单一的展开剂,如常用的正丁醇/水,是指用水饱和的正丁醇;正丁醇:乙酸:水(4:1:5)是指三种溶剂按其用量比例,放入一分液漏斗中充分振摇混合、放置、分层,取其上层正丁醇混合液为展开剂。

以上所列仅供参考,要选择合适的展开剂,需要查阅有关资料或通过大量实验进行摸索。

(3) 点样：取少量试样，用水或易挥发的有机溶剂(如乙醇、丙酮等)将其完全溶解，配制成浓度约为1%的溶液。用铅笔在滤纸上画线，标明点样位置，以毛细管吸取少量试样溶液，在滤纸上按照已写好的编号分别点样，控制点样直径在0.2～0.5cm，然后将其晾干或用热风吹干。

(4) 展开：向纸色谱展开槽(也称纸谱筒)中注入展开剂，将已晾干的、点好样的滤纸点有试样的一端向下悬挂在展开槽中，盖上盖子，滤纸下端应位于展开剂液面以上。先饱和一段时间，然后将下端放入展开剂液面下约1.5cm处，但试样斑点处必须在展开剂液面之上(图2-51)。

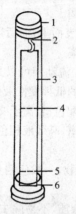
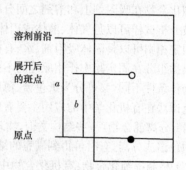

图 2-51　纸色谱展开装置
1. 橡皮塞　2. 玻璃勾　3. 纸条　4. 溶剂前沿
5. 起点线　6. 溶剂

图 2-52　纸色谱的展开效果

(5) 显色：展开完毕，取出滤纸，划出前沿，然后晾干。如果化合物本身有颜色，就可直接观察到斑点；如本身无色，可在紫外灯下观察有无荧光斑点。若有，可用铅笔在滤纸上划出斑点位置、形状及大小；若无，则需用显色剂显色。

不同类型的化合物可用不同的显色剂，采用喷雾显色。对于未知样品，显色剂的选择可采用以下方法：取样品溶液一滴，点在滤纸上，而后滴加显色剂，观察有无色斑产生，若有可选此为显色剂；若无则换用其他显色剂再试。

(6) R_f 值(比移值)计算：在同样的条件下，不同的化合物在滤纸上依不同的速度移动，所以各化合物斑点的位置也不相同，一般常用距离表示移动的位置(图2-52)。

比移值的计算公式为：
$$R_f = b/a$$

式中：a 为溶剂移动距离，b 为化合物移动距离。

当温度、滤纸的质量和展开剂的性质等都相同时，对于同一个化合物其 R_f 值应是一个特定常数，因而可作为该化合物的定性依据。但是影响 R_f 的因素很多，实验数据有时与文献值不完全相同，故一般采取在相同的实验条件下，用标准样品作对比实验来进行鉴定。

2.16.1.2　示例

实验1　间苯二酚和 β-萘酚的分析
　　试　样：间苯二酚、β-萘酚(均用乙醇溶解)
　　展开剂：正丁醇∶苯∶水(1∶1∶20)
　　显色剂：1% $FeCl_3$ 乙醇溶液
　　注意：用显色剂喷雾或浸润后，需在100℃左右下烘烤5～10分钟，才能显出色斑。
　　斑点颜色：间苯二酚为紫色，β-萘酚为蓝色。

实验2　苯胺和间苯二胺的分析
　　试　样：苯胺、间苯二胺(用稀盐酸溶解)
　　展开剂：正丁醇∶盐酸(2.5M)(4∶1)

显色剂:1%对二甲胺基苯甲醛乙醇溶液
斑点颜色:橘黄

2.16.2 柱色谱法

柱色谱法按分离原理可分为分配色谱和吸附色谱。分配色谱的原理与纸色谱相同。吸附色谱是被分离的物质在液相和固相之间的分配,固定相是固体,样品溶液通过固体时,由于固体表面对液体中各组分的吸附能力不同而使各组分分离开。它主要是通过色谱柱来实现分离的(实验装置见图2-53)。

现就吸附柱色谱法的有关问题作如下介绍。

2.16.2.1 吸附剂

选择吸附剂时,需考虑到以下几点:①它不溶于所使用的溶剂;②与要分离的物质不起化学反应,也不起催化反应;③一般要求是无色的;④颗粒大小均匀。颗粒越细,则混合物分离程度越好,但溶剂流经柱子的速度也就越慢,因此要根据具体情况选择吸附剂。

常用的吸附剂有氧化铝、硅胶、氧化镁、碳酸钙和活性炭等。最广泛使用的为活性氧化铝。一些非极性的物质通过氧化铝的速度较极性物质为快,还有些物质由于被吸附剂牢牢吸附在柱顶无法通过色谱柱。

图 2-53 柱色谱实验装置

活性氧化铝不溶于水,也不溶于有机溶剂。含水的与不含水的物质都可使用这种吸附剂。供色谱用的氧化铝有酸性、中性和碱性三种。碱性氧化铝适用于碳氢化合物、生物碱及其他碱性化合物的分离;中性氧化铝适用于醛、酮、醌及酯类化合物的分离;酸性氧化铝适用于有机酸的分离。吸附剂吸附能力的大小不仅取决于吸附剂本身,也取决于在色谱分离中所用的溶剂及化合物的结构。

2.16.2.2 溶质的结构和吸附能力

化合物的吸附能力和它们的极性成正比,其分子中含有极性较大基团,它的吸附性就较强。如氧化铝对各种化合物的吸附性按下列顺序递减:

酸、碱>醇、胺、硫醇>酯、醛、酮>芳香族化合物>卤代烃、醚>炔>烯>饱和烃。

例如,邻硝基苯胺和对硝基苯胺混合物的分离,就是根据它们的极性不同,邻硝基苯胺的偶极矩为 4.45D;而对硝基苯胺为 7.1D,因此,进行柱色谱分离时,邻位异构体将首先被洗脱下来。

2.16.2.3 溶剂

溶剂的选择是十分重要的,通常根据被分离化合物中各种成分的极性、溶解度和吸附剂的活度等来考虑。溶剂在柱色谱分离中的作用有两种:一种是溶解样品物质;另一种是作为洗脱剂(即样品被吸附剂吸附后,再用适当溶剂进行冲洗,以达到分离的目的,这种冲洗的溶剂称为洗脱剂)。

较理想的溶剂应符合以下几点要求:①纯度较高,如氯仿中含有乙醇、水及不挥发物质都会影响样品的吸附和洗脱;②溶剂和吸附剂不能起化学反应;③溶剂的极性应比样品小,如果大了,样品不易被吸附剂吸附;④溶剂对样品的溶解度不能太大,否则影响吸附;但也不能太小,如太小,溶液的体积增加,易使初始谱带分散;⑤可使用混合溶剂。如有的组分含有较多的极性基团,在极性小的溶剂中溶解度太小,也可选用极性大的溶剂溶解,然后加入一定量的非极性溶剂,这样既降低了溶液的极性,又减少了溶液的体积。

样品上柱被吸附剂吸附后,首先用溶解样品的溶剂冲洗色谱柱,若不能达到分离的目的,可改用其他溶剂。一般极性较大的溶剂对样品和吸附剂之间的吸附影响较大,容易将样品洗脱下来,但不一定能达到将样品分离的目的,因此常用一系列极性渐次增大的溶剂进行洗脱。为了逐渐提高溶剂的洗脱能力和分离效果,也可用不同比例的混合溶剂进行洗脱。常用洗脱剂的极性按以下次序递增:己烷、石油醚<环己烷<四氯化碳<二氯乙烯<二硫化碳<甲苯<苯<二氯甲烷<氯仿<乙醚<乙酸乙酯<丙酮<乙醇<甲醇<水<吡啶<乙酸。

2.16.2.4 操作步骤

(1) 柱的选择:色谱柱内径的大小,可以根据样品量的多少来作参考(表 2-9)。

表 2-9 样品量与柱内径的关系

样品量(g)	吸附剂量(g)	柱直径(cm)	柱高(cm)
0.001	0.3	1.5	20
0.1	3	5	40
1.0	30	7.5	100
10.0	300	10	200

目前市售的色谱柱在下端安装有与玻管直径大小适当的筛板,使用较为方便。

(2) 装柱:选择好的色谱柱,用前需洗净。洗涤方法为:先用洗液浸泡 30 分钟以上,再用清水冲洗数次,然后用蒸馏水清洗三次,最后干燥。将洗净的色谱柱的筛板上用一与其大小、形状相同的滤纸片盖住,然后装吸附剂于柱内。

装柱的方法有湿法和干法两种:湿法是将备用的溶剂装入柱内至柱高的 3/4,然后将吸附剂和溶剂调成糊状,慢慢地倒入管中,此时应将管的下端打开,控制流出速度为每秒一滴。用木棒或套有橡皮管的玻璃棒轻轻敲击柱身,使填装紧密。当装入量约为柱身的 3/4 时,再在上面盖上一小块圆形滤纸、脱脂棉,以保证吸附剂顶端平整,不受流入溶剂的干扰。如果吸附剂顶端不平,将易产生不规则的色带。操作时应保持流速,注意不能使液面低于滤纸面。整个装填过程中不能使吸附剂有裂缝或气泡,否则影响分离效果;干法装柱是在色谱柱的上端放入干燥漏斗,使吸附剂均匀地经干燥漏斗成一细流慢慢装入管中,中间不能间断,填装时应时时轻敲柱身,使填装均匀。全部吸附剂加入后,再加入溶剂,并打开下端活塞,使溶剂流经吸附剂将其全部润湿,同时也将气泡赶出柱外。另外,亦可先将溶剂倒入柱内至柱高的 3/4 处,然后将吸附剂通过一玻璃漏斗慢慢倒入柱内并轻轻敲击柱身。

(3) 加样:把要分离的样品配制成适当浓度的溶液,将吸附剂上多余的溶剂放出,直到柱内液体表面达到吸附剂表面时,停止放出溶剂,沿管壁加入样品溶液。注意不要使溶液将吸附剂冲松浮起。样品溶液加完后,开启下端活塞,使液体渐渐放出,至溶剂液面和吸附剂表面相齐(勿使吸附剂表面干燥)即可用溶剂洗脱。

(4) 洗脱:即选择适当的溶剂使其从上到下流经吸附剂以达到分离化合物的目的。在此过程中应连续不断地加入洗脱剂,使其保持一定高度的液面,切忌使吸附剂表面上的溶液流干。若流干再加溶剂,易使色谱柱产生气泡或裂缝,影响分离效果。收集洗脱液时,如样品各组分有颜色,在色谱柱上可直接观察,洗脱后分别收集各个组分。在多数情况下,化合物没有颜色,收集洗脱液时,多采用等量分份收集,每份洗脱液的体积随所用吸附剂的量及样品的分离情况而定。一般若使用 50g 吸附剂,每份洗脱液的体积常为 50ml。如洗脱液极性较大或样品中各组分结构相近似时,每份收集量应减小。

在洗脱过程中,应控制洗脱液的流出速度,此速度一般不宜太快,太快往往交换来不及达到平衡,影响分离效果。另外,整个洗脱过程应尽量在一较短时间内完成,若时间太长,有时吸附剂可能促使某些成分分解破坏,而使样品发生变化。

2.16.3 薄层色谱法

薄层色谱法是一种微量快速的分离分析方法,它具有灵敏、快速、准确等优点,其原理与柱色谱一样,属于液-固色谱类型,也有吸附色谱与分配色谱之分。薄层色谱应用范围较广,如:小量(数 μg)

样品的分离;较大量(可达 500mg)样品的精制;有机化合物制备、提取、分离过程中的检测等。

薄层色谱常用的吸附剂和载剂类型与柱色谱相似,只是粒度较细,约为 300~350 目(柱色谱所用粒度一般为 80~120 目)。薄层吸附色谱常用的吸附剂为氧化铝;分配色谱的载剂多为硅胶、纤维素和硅藻土等。

硅胶是无定形多孔性的物质,略具酸性,适用于中性和酸性化合物的分离和分析。薄层色谱常用的硅胶有:不含黏合剂烧石膏的,称为"硅胶 H";含一定量烧石膏作黏合剂的,称为"硅胶 G";不含烧石膏而含荧光物质的,称为"硅胶 HF_{254}",可在波长 254nm 的紫外光下观察荧光;同时含有烧石膏和荧光物质的,称为"硅胶 GF_{254}"。

薄层色谱用氧化铝也有中性、酸性、碱性之分,亦有氧化铝 H、氧化铝 G、氧化铝 HF_{254}、氧化铝 GF_{254} 等型号。

进行薄层色谱分离需事先将吸附剂或载剂涂布在玻璃或铝箔表面制成薄层板。若将其以干燥粉末方式直接进行涂布,所得薄层板称为软板;若涂布时是将其用水或羧甲基纤维素钠(CMC-Na)溶液调成浆状后再进行,则所得薄层板称为硬板。

薄层吸附色谱和柱色谱一样,化合物的吸附能力和它们的极性成正比,具有较大极性的化合物在固定相上的吸附较强,其 R_f 值就小,因而利用化合物的极性的不同可以分离、纯化各种物质。

进行薄层色谱分离的一般操作程序如下:

(1) 薄层板的制备:薄层板质量的好坏将直接影响薄层色谱法的结果,制备的薄层板应尽可能均匀而且厚度(一般为 0.3~1mm)要固定,否则展开时溶剂前沿不齐,色谱结果也不易重复。制备硅胶硬板的步骤为:

1) 称取一定量(10g)硅胶放入研钵,加一定比例的水(20ml)或 CMC-Na 溶液(一般浓度为 0.4%~0.8%)将其调成糊状物,10g 硅胶大约可涂 3cm×12cm、0.3mm 厚的薄层板 3~4 块。

2) 调成的糊状物可采用下列两种涂布方法,制成薄层板。一种是平铺法:把干净的玻璃板平放在涂布槽或水平的实验台面上,将涂布器放在玻璃板上,在涂布器中倒入糊状物,将涂布器自左向右推过玻璃板,即可将糊状物均匀地涂布在玻璃板上。若无涂布器,也可用边沿光滑的不锈钢尺或其他代用品自左向右将糊状物刮平。另一种是倾注法:将调好的糊状物倒在玻璃板上,用手摇晃,并加以适当振动,使糊状物在玻璃表面涂布均匀,放于平处即可。

(2) 薄层板的活化:将涂好的薄层板在室温下放置晾干,将烘箱温度升至 105~110℃,然后放入薄层板,一般维持此温度 30 分钟即可将其活化好。活化好的薄层板可进行点样、展开等操作;也可置干燥器中保存备用。薄层板的活性与含水量有关,其活性随含水量的增加而下降,因而可通过控制活化温度及时间来调节活度。

薄层色谱分离的点样、展开、显色等操作均与纸色谱相似,但薄层色谱的展开速度较快,且可使用某些具有腐蚀性的显色剂(如浓硫酸等)。

第三部分　有机化合物的合成实验

3.1　基本操作实验

实验一　简单的玻璃工制作

取长 1.4m 的玻璃管三根；长 1m 的玻璃棒一根；经清洗并干燥过的长 40～50cm 的薄壁玻璃管两根。按第二部分简单玻璃工操作方法完成下列工作。

(1) 练习拉玻璃管及制作滴管：当拉玻璃管熟练后，将玻璃管拉制成总长度为 15cm 的滴管两根，其粗端内径为 7mm、长 12cm，细端内径为 1.5～2mm、长 3～4cm。细端口须在火中熔光滑，粗端口在火中烧软后在石棉网上按一下，使其外线突出，冷后装上橡皮乳头即成。

(2) 拉制熔点测定毛细管：用薄壁玻璃管拉制成长约 15cm、直径 1mm 两端封口的毛细管 5 根（在测熔点时只要用小砂轮在毛细管中间锉一下折断，即得两根熔点管），装入大试管，备用。

(3) 制作玻璃钉及搅拌棒：取长 5～6cm 的玻璃棒拉制玻璃钉一只（放在小漏斗内即成玻璃钉漏斗，作抽滤少量晶体用）。

取长 15cm 的玻璃棒一根，一端在火中烧软后在石棉网上按成大玻璃钉，作挤压或研细少量晶体用。

再用长 20cm 的玻璃棒两根，两端在火焰上烧圆，作搅拌棒用。

(4) 制作玻璃弯管：制作 120°、90°和 30°角度的玻璃弯管各一支。

(5) 拉制玻璃沸石：取一段玻璃管或玻璃棒，在火焰中反复熔拉（拉长后再对叠在一起，造成空隙，保留空气）。几十次后，再拉成毛细管粗细的玻璃棒，截成长约 2～3cm 的一段即成玻璃沸石，共拉制数十根装在瓶中备用（蒸馏时作助沸物，特别是当蒸馏少量物质时，它比一般沸石黏附的液体要少，并容易得到吸附在它表面的固体物质）。

【思考题】

(1) 截断玻璃管时要注意哪些问题？怎样弯曲和拉细玻璃管？在火焰上加热玻璃管时怎样才能防止玻璃管被拉歪？为什么在拉制玻璃弯管及毛细管等时，玻璃管必须均匀转动加热？

(2) 弯曲和拉细玻璃管时软化玻璃管的温度有什么不同？为什么？弯制好了的玻璃管如果立即和冷的物件接触会发生什么不良的后果？应该怎样才能避免？

(3) 在强热玻璃管（棒）之前，应先用小火加热，在加工完毕后，又需经弱火"退火"这是为什么？

(4) 选用塞子时要注意什么？如果钻孔器不垂直于塞子的平面时结果怎样？怎样才能使钻嘴垂直于塞子的平面呢？为什么塞子打孔要两面打呢？

(5) 实验中常用的磨口仪器在使用过程中应如何保养？

实验二　熔点测定及温度计校正

在实验前先预习第二部分有关熔点测定及温度计校正的基本操作。正确装置熔点浴[1]*，按步骤测定两个已知物[2,3]和一个未知物的熔点[4]。

---

* 自本书第三部分开始，文中角码表示该实验的注意事项对应"( )"的相关内容。

测熔点时每个样品至少测定两次(两次数值应一致或基本一致)。

样品:肉桂酸、苯甲酸、尿素、水杨酸、萘、二苯胺。

如欲进行温度计校正,可按顺序测定下述纯粹化合物的熔点:①二苯胺(分析纯)54~55℃;②萘(分析纯)80.55℃;③苯甲酸(分析纯)122.4℃;④水杨酸(分析纯)159℃;⑤对苯二酚(分析纯)173~174℃;⑥3,5-二硝基苯甲酸(分析纯)205℃。

记录测得的熔点数据,以所测熔点作纵坐标,以测得的熔点与应有熔点的差数作横坐标,画成曲线。在任一温度时的校正值可以直接从曲线中读出。

同样,每个样品至少测定两次(两次数值应一致)。

【注意事项】

(1) 传温液的选择:80℃以下选用水作传温液,熔点在 200℃以下用液状石蜡、浓硫酸,熔点在 300℃以下的用硫酸钾(或钠)3 份、硫酸 7 份的混合液,也可用硅油。

(2) 测熔点用毛细管的一般要求:外径为 1~1.5mm,壁厚 0.3mm,长约 5cm,一端封闭。

(3) 待测样品要充分干燥,研成极细。装样高度为 2~3mm,要装严实。

(4) 受热易分解的样品,可先将传温液加热到近熔点 20℃左右时,再将样品放入测定。

【思考题】

(1) 分别测得样品 A 及 B 的熔点各为 100℃。将它们按任何比例混合后测得的熔点仍为 100℃,这说明什么?

(2) 测定熔点时,若遇下列情况,将产生什么结果?①熔点管壁太厚;②熔点管底部未完全封闭,尚有一针孔;③熔点管不洁净;④样品未完全干燥或含有杂质;⑤样品研得不细或装得不紧密;⑥加热太快。

(3) 是否可以使用第一次测熔点时已熔化的有机物再作第二次测定呢?为什么?

3.2 基本有机合成实验

实验三 环 己 烯

【目的要求】

(1) 了解通过醇的酸催化脱水制备环己烯的原理及方法。

(2) 掌握分馏柱的使用方法。

【实验原理】

实验室制备烯烃除了采用醇在氧化铝等催化剂作用下进行高温催化脱水外,还常常使用醇的酸催化脱水反应,以及卤代烃脱卤化氢反应。在醇的酸催化脱水反应中,催化剂除了硫酸外,还可用磷酸、五氧化二磷等。在卤代烃脱卤化氢反应中常用的碱是氢氧化钾或氢氧化钠的醇溶液。在这两种反应中,不论是醇还是卤代烃进行消除反应生成烯烃,其产物都遵守查依采夫规则。

本实验采用醇在浓硫酸催化下加热脱水来制备。

$$\text{环己醇} \xrightarrow[\Delta]{H_2SO_4} \text{环己烯} + H_2O$$

【实验步骤】

在干燥的 50ml 圆底烧瓶中;加入 20g 环己醇,0.5~1ml 浓硫酸及几粒沸石,充分振摇使之混匀[1]。烧瓶上装一刺形分馏柱,用 50ml 锥形瓶作接收器,外用冰水浴冷却。将烧瓶放在石棉网上,用小火慢慢加热。控制加热速度,使环己烯及水缓慢蒸出,分馏柱上端的温度不要超过 90℃[2]。当烧瓶中只剩下少量残渣并出现阵阵白雾时,可停止蒸馏。全部蒸馏时间约 1 小时。

将馏出液用 NaCl 饱和后,加入 5%碳酸钠溶液 3~4ml 中和微量的酸。将溶液倒入分液漏斗,振摇后静置分层。分去下层水后[3],将上层粗品倒入干燥锥形瓶中,加入 2~3g 无水氯化钙干燥。瓶口加塞,放置半小时(时时振摇),至溶液澄清,过滤除去氯化钙,滤液进行蒸馏[4]。收集 80~85℃馏分[5],得清亮透明液体。产量 10~12g(产率 61%~73%)。

纯环己烯为无色透明液体,沸点 83℃,密度 0.810 2,折光率 1.446 5。

本实验需要 6~7 小时。

附 微型实验操作步骤

在干燥的 25ml 圆底烧瓶中加入 7.5g 环己醇、0.5ml 浓硫酸和几粒沸石,充分摇振使之混合均匀。在圆底烧瓶上安装好微型分馏头,接上冷凝管、温度计和接收瓶,并将接收瓶浸在冷水中冷却。将圆底烧瓶在电磁加热搅拌器上缓缓加热,控制加热速度使生成的环己烯和水缓慢地蒸出,且馏出物温度不超过 90℃。馏出液为带水的混浊液。当无液体蒸出且圆底烧瓶中只剩下很少量残液并出现阵阵白雾时,即可停止蒸馏。

馏出液用 NaCl 饱和,加入 1~2ml 5%的碳酸钠溶液中和微量的酸。将液体转入分液漏斗中,振摇后静置分层,分出有机相(哪一层? 如何取出?),用 1~2g 无水氯化钙干燥至溶液清亮透明后滤入蒸馏瓶中,加入沸石进行蒸馏,产量约为 3g。

【注意事项】

(1) 环己醇在常温下是黏稠状液体,取样时应注意避免损失。环己醇与浓硫酸应充分混匀,否则在加热过程中可能会局部碳化。

(2) 由于反应中环己烯与水形成共沸物(沸点 70.8℃,含水 10%),环己醇与环己烯形成共沸物(沸点 64.9℃,含环己醇 30.5%),环己醇与水形成共沸物(沸点 97.8℃,含水 80%),因此在加热时温度不可过高,蒸馏速度不宜过快,以减少环己醇的蒸出。

(3) 水层应尽量分离完全。这样可避免使用较多的无水氯化钙干燥剂,以减少产品的损失。

(4) 仪器应充分干燥。

(5) 若在 80℃以下有大量液体馏出,或馏出液混浊,均系干燥不完全所致,应重新干燥后再蒸馏。

【思考题】

(1) 在粗制的环己烯中加入食盐使水层饱和的目的何在?

(2) 使用无水氯化钙作为干燥剂应注意什么? 本实验为何用无水氯化钙作干燥剂?

(3) 写出环己烯与溴水、碱性高锰酸钾溶液以及浓硫酸作用的反应式。

实验四 正 溴 丁 烷

【目的要求】

(1) 学习以溴化钠、浓硫酸和正丁醇制备正溴丁烷的原理和方法。

(2) 掌握带有吸收有害气体装置的回流加热操作、蒸馏操作及分液漏斗的使用等。

【实验原理】

卤代烃是一类重要的有机合成中间体和重要的有机溶剂。合成卤代烃通常采用醇和氢卤酸、氯化亚砜、卤化磷等进行的取代反应,或烯烃与卤化氢、卤素的加成反应等。

本实验中正溴丁烷的制备采用的是正丁醇和溴化氢的亲核取代反应,反应中溴化氢由溴化钠和浓硫酸反应生成。

主反应:

$$NaBr + H_2SO_4 \longrightarrow HBr + NaHSO_4$$

$$n\text{-}C_4H_9OH + HBr \xrightleftharpoons{H_2SO_4} n\text{-}C_4H_9Br + H_2O$$

可能的副反应:

$$n\text{-}C_4H_9OH \xrightarrow[\triangle]{H^{\oplus}} n\text{-}C_4H_8 + H_2O$$

$$2n\text{-}C_4H_9OH \xrightarrow[\triangle]{H^{\oplus}} C_4H_9OC_4H_9 + H_2O$$

$$2NaBr + H_2SO_4 \longrightarrow Br_2\uparrow + SO_2\uparrow + 2H_2O$$

醇羟基的卤代是可逆反应,为使反应平衡向右移动,在本实验中采取了增加溴化钠的用量和加入过量的硫酸等方法。

【实验步骤】

在 250ml 圆底烧瓶中,放入 12.3ml(0.136mol)正丁醇,16.5g 研细的溴化钠[1]和 2～3 粒沸石。烧瓶口上装上一个回流冷凝管。在一个小锥形瓶内放入 15ml 水,同时用冷水浴冷却此锥形瓶,一边摇动,一边慢慢地加入 20ml 浓硫酸。将稀释后的硫酸分 4 次从冷凝管上口加入烧瓶,每加入一次,都要充分振摇烧瓶,使反应物混合均匀。加完硫酸后在冷凝管的上口加装一气体吸收装置[见图 2-25(3)]。气体吸收装置的小漏斗倒置在盛水的烧杯中,其边缘应接近水面但不能全部浸入水面以下。

将烧瓶放在石棉网上,用小火加热至沸腾,当冷凝液开始从冷凝管下端回流时开始计时,保持回流 30 分钟,间歇地摇动烧瓶。反应结束,待反应物冷却约 5 分钟后,取下回流冷凝管,向烧瓶中补加 2～3 粒沸石,改成蒸馏装置进行蒸馏[2],直至无油滴蒸出为止[3]。

将馏出物倒入分液漏斗中,静置使分层,将油层从分液漏斗下口放入一干燥的小锥形瓶中,然后将等体积的浓硫酸分多次加入瓶中,每加一次,都需充分振荡锥形瓶。如果混合物发热,可用冷水浴冷却。将混合物慢慢地倒入分液漏斗中,静置分层,放出下层的浓硫酸。油层依次用 20ml 水、20ml 10%碳酸钠溶液和 20ml 水洗涤。将下层的粗产物放入一干燥的小锥形瓶中,加入块状无水氯化钙,塞紧,干燥至透明或过夜。

将干燥后的粗产品滤至干燥的蒸馏烧瓶中,投入沸石,加热蒸馏,收集 99～102℃馏分。

纯正溴丁烷为无色透明液体,沸点 101.6℃,密度 1.275 8,折光率 1.440 1。

本实验约需 6～8 小时。

附 微型实验操作步骤

在 10ml 圆底烧瓶中,放入 2.0ml 水,慢慢加入 2.4ml 浓硫酸,混合均匀,并冷却到室温。加入 1.5ml 正丁醇,混合后,再加入 2g 研细的溴化钠,充分振荡,装上回流冷凝管及气体吸收装置。加热回流 30 分钟。然后冷却,取下气体吸收装置和冷凝管,装上微型蒸馏头和球形冷凝管,蒸馏出粗产物正溴丁烷。

粗产物分别用 2ml 水、1ml 浓硫酸、2ml 饱和碳酸氢钠溶液洗涤,再用一小块无水氯化钙干燥。过滤出粗产物进行蒸馏,收集 99～103℃的馏分,产量约为 1.2g。

【注意事项】

(1) 本实验如用含结晶水的溴化钠,可按摩尔数换算,并相应减少加入的水量。

(2) 制备反应结束后的馏出液分为两层,通常下层为正溴丁烷粗品(油层),上层为水。但若未反应的丁醇较多或蒸馏过久,可能蒸出部分氢溴酸恒沸液,这时由于密度的变化,油层可能悬浮或变化为上层。如遇这现象,可加清水稀释,使油层下沉。

(3) 判断无油滴蒸出可用如下方法:用盛清水的试管收集馏出液,看有无油滴悬浮。

【思考题】

(1) 本实验有哪些副反应?应如何减少副反应的发生?

(2) 加热回流时,反应物呈红棕色,是什么原因?

(3) 为什么制得的粗正溴丁烷需用冷的浓硫酸洗涤?

(4) 最后用碳酸钠溶液和水洗涤的目的是什么?

实验五 溴 乙 烷

【目的要求】

(1) 学习以乙醇为原料制备溴乙烷的原理和方法。

(2) 掌握蒸馏装置和分液漏斗的使用方法。

(3) 熟悉低沸点物质蒸馏的基本操作。

【实验原理】

实验室中,卤代烷的制备一般以醇类为原料,使其羟基被卤原子取代而制得。

溴乙烷可以由乙醇和氢溴酸作用制得。实验中氢溴酸是由溴化钠和浓硫酸反应制备的。

主反应:

$$NaBr + H_2SO_4 \longrightarrow HBr + NaHSO_4$$

$$C_2H_5OH + HBr \rightleftharpoons C_2H_5Br + H_2O$$

醇和氢溴酸的反应是一个可逆反应,为了使反应向右进行,实验中采取了以下措施:①增加乙醇的用量;②使用过量的浓硫酸以吸收反应中生成的水;③将反应中生成的溴乙烷及时蒸出,离开反应体系。

用此法制备溴乙烷时可能存在以下副反应:

$$C_2H_5OH \xrightarrow[\triangle]{H_2SO_4} CH_2=CH_2 + H_2O$$

$$2C_2H_5OH \xrightarrow[\triangle]{H_2SO_4} C_2H_5OC_2H_5 + H_2O$$

$$2NaBr + H_2SO_4 \longrightarrow Br_2\uparrow + SO_2\uparrow + 2NaOH$$

【实验步骤】

在 250ml 圆底烧瓶中加入 10ml 95%乙醇,加入 9ml 水,在不断震荡和冰水浴冷却下,缓慢滴加浓硫酸 19ml,混合物冷却后,在搅拌下加入研细的溴化钠 15g[1],加完反应物,安装分馏装置(烧瓶中需加入少许止爆剂),分馏柱[2]与直型冷凝管相连,冷凝管末端连一个接收管,接收管的末端需浸没在装有冷水的大口锥形瓶的液面之下,锥形瓶可以浸在装有冰水的烧杯中以达到较好的冷却效果,检查装置是否连接严密,然后通冷凝水,用电热套开始加热,加热后常有很多气泡产生,此时不要加热太快,必要时暂停加热,避免反应物冲出。反应开始后,生成的溴乙烷被蒸出,冷凝后呈油状混浊液滴,沉落于冷水中,加热直至无油状液滴蒸出(约 0.5~1 小时)为止[3]。撤热源后,应先将锥形瓶离开接受管,以防倒吸,冷却后随即将烧瓶内剩余物趁热倾入废液回收瓶,以免硫酸氢钠冷却后结块不易取出。

用分液漏斗将水和溴乙烷分开(溴乙烷位于下层,从分液漏斗下口放入),分出的溴乙烷置于 50ml 锥形瓶中。为了除去产品中掺杂的乙醚,在震荡下一滴一滴加入浓硫酸,这时有少量热量产生,为了防止挥发损失,需在冰水浴冷却下操作,继续滴加浓硫酸至液体有明显分层出现为止,这样溴乙烷中所含乙醚都被溶解在浓硫酸里了,经此处理后,乙醇与水等杂质也一起被浓硫酸萃去。

用 50ml 小分液漏斗将溴乙烷和硫酸层分开,硫酸层在下,从分液漏斗上口将溴乙烷倾入 50ml 干燥蒸馏瓶中,安装蒸馏装置,冷凝器及接收管也必须干燥,收集产品的容器需事先称重。用 80℃的热水浴蒸馏,收集 35~40℃的馏分作为产品,记录并计算产率。

本实验需 6~7 小时。

附 微型实验操作步骤

在 10ml 圆底烧瓶中,放入 2.0ml 水,2.0ml 无水乙醇,慢慢加入 4.0ml 浓硫酸,混合均匀,并冷却到室温。加入 3.0g 研细的溴化钠,充分振荡,按图 2-25(3)安装仪器,接收瓶内外均放冰水。缓慢加热,溴化钠溶解,直到无油滴滴出。用毛细管小心将馏出液中的有机层吸入试管中,振荡下加入浓硫酸 0.2ml,吸去浓硫酸层,加入一小块无水氯化钙干燥。过滤出的粗产物进行蒸馏,收集 38~40℃的馏分,产量约为 1.6g。

【注意事项】

(1) 溴乙烷要先研细,在搅拌下加入,以防结块影响反应进行。

(2) 本实验使用分馏柱的目的是为了减少乙醇蒸气随溴乙烷蒸气一起逸出的机会。

(3) 在分馏装置反应过程中,反应是否完毕也可以从分馏柱顶端的温度计观察,在溴乙烷蒸出时温度在 35~40℃,当温度上升时,则停止蒸馏。

【思考题】

(1) 粗产品中主要杂质是什么?是如何除去的?

(2) 在制备反应中如果馏出的油层带有棕黄色是什么原因？如何除去？
(3) 影响本实验产率的因素有哪些？
(4) 分液漏斗有什么用途？使用中要注意什么？

实验六　溴　苯

【目的要求】
(1) 熟悉蒸馏和搅拌的基本操作及分液漏斗的使用方法。
(2) 了解苯环取代反应的原理及过程。

【实验原理】
芳香族卤代烃的制备和卤代烷不同，一般是用卤素（溴或氯）在铁粉或三卤化铁催化下与芳香族化合物作用，通过芳香族的亲电取代反应将卤原子引入苯环。

本实验采用苯在铁粉、吡啶催化下的溴代反应来制备溴苯，反应式如下：

$$\text{C}_6\text{H}_6 + \text{Br}_2 \xrightarrow{\text{吡啶} + \text{Fe}} \text{C}_6\text{H}_5\text{Br}$$

【实验步骤】
本实验所用仪器必须干燥。在干燥的 100ml 三颈瓶的中间口装回流冷凝管，冷凝管上口接气体吸收装置。余下一口用塞子塞紧。依次将 11.5ml 苯、4～5 滴吡啶、5ml 溴[1]放入三颈瓶中并迅速塞紧瓶口。此时反应已经开始，用水浴升温至 35～45℃，液面有小气泡发生，即溴化氢气体[2]。30 分钟后，由三颈瓶的一侧口迅速加入 0.25g 铁粉，塞紧瓶口，反应即刻剧烈进行。待反应稍缓和时，将水浴温度提高到 60～70℃，一直到液面不再有溴蒸气或溴化氢气体逸出为止。反应完成后，将反应物冷至室温。

拆下三颈瓶并往瓶中加 15ml 水，振荡，然后将反应物小心地倒入分液漏斗中，分去水层，粗品溴苯用 10ml 饱和亚硫酸氢钠水溶液洗 2 次[3]，至油层呈淡黄色为止。然后用 10ml 水洗[4]，分出溴苯[5]，置干燥的锥形瓶中，加少量无水氯化钙干燥过夜。

将干燥后的粗产物滤至干燥的蒸馏烧瓶中，用小火加热蒸馏，收集 140～170℃馏分，将此馏分再重复蒸馏一次，收集 154～160℃馏分[6]。产量约 8g。

纯溴苯为无色油状液体，沸点 156℃，密度 1.4950，折光率 1.5597。

本实验需 6～8 小时。

【注意事项】
(1) 所用的溴必须无水，否则反应难以进行。整个装置的接口处不能漏气。量取溴的方法是：先将溴加到放在铁圈上的干燥的分液漏斗中，然后由分液漏斗滴到量筒中计量。此操作必须在通风橱内进行。操作者要戴上防护眼镜及手套并不要吸入溴蒸气。如不慎被溴触及皮肤时，应立即用水洗，用甘油擦涂。
(2) 可根据反应中溴化氢的释出量及其恒沸物的组成（约 47.5%）来计算水量，实际用水量应稍多于计算量。氢溴酸溶液要回收。
(3) 用饱和亚硫酸氢钠溶液洗的目的是除去游离的溴。因为溴在溴苯中的溶解度比在水中大，所以很难用水把溴完全除去。
(4) 用水洗的目的是除去溴化铁和吡啶，同时也能除去溴化氢和部分游离溴。
(5) 也可用水蒸气蒸馏的方法从反应物中分离出溴苯。先蒸出来的是苯和溴苯的混合物，直到冷凝管中出现对二溴苯的结晶为止。
(6) 蒸馏残液中含有邻二溴苯和对二溴苯，将残液趁热滤到表面皿上，凝固后用滤纸吸去邻二溴苯,固体用乙醇重结晶,可得少量白色片状的对二溴苯。

【思考题】

(1) 反应体系中如含水对反应有何影响?

(2) 进行溴化反应时,为什么要控制温度?

实验七 无 水 乙 醇

【目的要求】

(1) 掌握制备无水乙醇的原理和方法。

(2) 学习回流,蒸馏的操作,了解无水操作的要求。

【实验原理】

纯净的无水乙醇沸点是 78.3℃,它不能直接用蒸馏法制得。因为 95.5% 的乙醇和 4.5% 的水可组成共沸混合物。若要得到无水乙醇,在实验室中可以采用化学方法。例如,加入氧化钙加热回流,使乙醇中的水与氧化钙作用生成不挥发的氢氧化钙来除去水分。

$$CaO + H_2O \longrightarrow Ca(OH)_2 \downarrow$$

用此法制得的无水乙醇,其纯度可达 99%～99.5%,这是实验室制备无水乙醇最常用的方法。

用氧化钙处理所得的乙醇,如果再进一步用金属镁去掉最后微量水分,乙醇含量可达 99.95%～99.99%。

$$Mg + 2C_2H_5OH \longrightarrow Mg(OC_2H_5)_2 + H_2 \uparrow$$

$$Mg(OC_2H_5)_2 + 2H_2O \longrightarrow 2C_2H_5OH + Mg(OH)_2$$

【实验步骤】

(1) 无水乙醇的制备:取一 500ml 干燥圆底烧瓶[1],加入 50g 砸成碎块的氧化钙,再放入 95% 乙醇 200ml,装上回流装置,其上端接一个磨口氯化钙干燥管[2],电热套上小火加热回流 2 小时左右[3],直至氧化钙变成糊状,停止加热,待混合物冷却,迅速改成蒸馏装置[4],使用减压接受管,在其支管处接一个氯化钙干燥管,电热套加热,用小鸡心瓶接出约 5ml 前馏分后,接受容器迅速换稍大干燥鸡心瓶或圆底烧瓶,蒸馏至几乎无液滴流出或者温度改变为止。量出制得无水乙醇的体积和浓度,计算回收率,并进行质量检查。

本实验需 5～6 小时。

(2) 绝对乙醇的制备:按图 1-4(2) 装好仪器。在 250ml 圆底烧瓶中放置 0.6g 干燥的、除去氧化层的镁条(或镁屑)和 10ml 99.5% 的乙醇[5]。在水浴上微热后,移去热源,立即投入几小粒碘片[6](注意此时不要振摇),不久碘粒周围即发生反应,慢慢扩大,最后可达比较激烈的程度。当全部镁条反应完毕后,加入 100ml 99.5% 乙醇和几粒沸石,加热回流 1 小时。然后加入 4g 邻苯二甲酸二乙酯,再回流 10 分钟,稍冷后,取下冷凝管,改装成蒸馏装置进行蒸馏,收集全部馏分。

制得的无水乙醇可用干燥的高锰酸钾进行质量检查[7]。方法为:取一干燥小试管,加入干燥的高锰酸钾一粒,加入 1ml 无水乙醇,迅速振摇,应不呈现紫红色,方合格。

无水乙醇的沸点为 78.5℃,密度 0.789 3,折光率 n_D^{20} 1.361 1。

【注意事项】

(1) 试验中所用仪器,均需彻底干燥。

(2) 由于无水乙醇具有很强的吸水性,故操作过程中和存放时必须防止水分侵入。冷凝管顶端及接收器上的氯化钙干燥管就是为了防止空气中的水分进入反应瓶中。干燥管的装法:在球端铺以少量棉花,在球部及直管部分别加入粒状氯化钙,顶端用棉花塞住。

(3) 回流时沸腾不宜过分猛烈,以防液体进入冷凝器的上部,如果遇到上述现象,可适当调节温度(如将液面提到热水面上一些,或缓缓加热),始终保持冷凝器中有连续液滴即可。

(4) 一般用干燥剂干燥有机溶剂时,在蒸馏前应先过滤除去。但氧化钙与乙醇中的水反应生成氢氧化钙,因加热时不分解,故可留在瓶中一起蒸馏。
(5) 所用乙醇的水分不能超过0.5%,否则反应相当困难。
(6) 碘粒可加速反应进行,若加碘粒后仍未开始反应,可适当加热,促使反应进行。
(7) 检查无水乙醇用的高锰酸钾,事先需要干燥处理。

【思考题】
(1) 你认为制备无水乙醇的关键是什么？
(2) 本实验为何用氧化钙而不用氯化钙作无水乙醇的脱水剂？
(3) 什么叫回流？有何用途？
(4) 什么叫蒸馏？有何用途？
(5) 用200ml工业乙醇(95%)制备无水乙醇时,理论上需要氧化钙多少克？

实验八　2-甲基-2-丁醇

【目的要求】
(1) 了解利用Grignard(格列雅)试剂制备醇的过程。
(2) 学习搅拌装置的使用及无水操作。
(3) 学习低沸点物质的回收方法。

【实验原理】
卤代烷在无水乙醚中和金属镁作用生成的烷基卤化镁(RMgX)称为Grignard试剂。

$$R\text{—}X + Mg \xrightarrow{\text{无水乙醚}} RMgX$$

Grignard试剂能和环氧乙烷、醛、酮、羧酸酯等进行加成,将此加成物水解,可分别得到伯醇、仲醇、叔醇。

本实验是利用丙酮和Grignard试剂加成,然后水解而制备的。
反应式:

$$CH_3CH_2Br + Mg \xrightarrow{\text{无水乙醚}} CH_3CH_2MgBr$$

$$CH_3CH_2MgBr + CH_3\overset{O}{\underset{\|}{C}}CH_3 \xrightarrow{\text{无水乙醚}} CH_3CH_2\text{—}\underset{OMgBr}{\overset{|}{C}}\text{—}(CH_3)_2$$

$$CH_3CH_2\text{—}\underset{OMgBr}{\overset{|}{C}}\text{—}(CH_3)_2 + H_2O \xrightarrow{H^\oplus} CH_3CH_2\text{—}\underset{OH}{\overset{|}{C}}\text{—}(CH_3)_2$$

【实验步骤】
在250ml三颈瓶[1]上分别装搅拌器[2]、冷凝管及滴液漏斗。在冷凝管及滴液漏斗的上口装置氯化钙干燥管,瓶内装置7g镁屑[3](约0.29mol)和50ml无水乙醚。在滴液漏斗中加入28ml溴乙烷(40g,约0.37mol)及25ml无水乙醚,混合均匀。先往三颈瓶中滴加3~4ml混合液,数分钟后即见溶液微微沸腾,乙醚自行回流[4](若不发生反应,可用温水浴加热)。反应开始时比较剧烈,待反应缓慢后,开动搅拌器,滴加其余的溴乙烷溶液。控制滴加速度,维持乙醚溶液呈微沸状态。加完后,用电热套或温水浴加热回流15分钟,镁屑已几乎消失。然后在冰水浴冷却和搅拌下,慢慢滴加18ml丙酮(14g,约0.25mol)和15ml无水乙醚的混合溶液。滴加速度仍保持乙醚微沸状态。加完后,继续搅拌15分钟。瓶中有灰白或黑色黏稠状固体析出。

将反应瓶在冰水浴冷却和搅拌下自滴液漏斗分批加入130ml 20%硫酸溶液(预先配好,置于冰水浴中冷却)以分解产物。待分解完全后,将溶液倒入分液漏斗中,分出醚层。水层每次用25ml乙醚萃取两次,合并醚层,用30ml 5%碳酸钠溶液洗涤一次。加无水碳酸钾干燥过夜[5]。

将干燥后的粗产物醚溶液滤入干燥的125ml蒸馏瓶中。用温水浴蒸去乙醚。残液倒入30ml蒸馏瓶中,在电热套上加热蒸馏收集 95～105℃的馏分,产量约 10～12g(产率 46%～55%)。

纯 2-甲基-2-丁醇为无色透明液体,沸点 102℃,密度 0.805 9,折光率 1.405 2。

本实验需 6～8 小时。

【注意事项】

(1) 所有的反应仪器及试剂必须充分干燥(溴乙烷用无水氯化钙干燥并蒸馏纯化,丙酮用无水碳酸钾干燥,亦须经蒸馏纯化)。

所用仪器要求在烘箱中烘干后,取出稍冷即放入干燥器中冷却或将仪器取出后,在开口处用塞子塞紧,以防止在冷却过程中玻璃吸附空气中的水分。

Grignard 反应必须在无水和无氧条件下进行。因为微量水分的存在,不但会阻碍卤代烷和镁之间的反应,同时会破坏生成的 Grignard 试剂而影响产率。Grignard 试剂遇水后按下式分解:

$$RMgX + H_2O \longrightarrow RH + Mg(OH)X$$

Grignard 试剂遇氧后,发生如下的反应:

$$RMgX + [O] \longrightarrow R-O-MgX \xrightarrow{H_2O, H^{\oplus}} ROH + Mg(OH)X$$

因此,反应时最好用氮气赶走反应瓶中的空气。一般在用乙醚做溶剂时,由于乙醚的挥发性大,也可以借此赶走反应瓶中的空气。

(2) 本实验搅拌棒的密封可采用基本操作中的搅拌密封装置。

(3) 镁屑应用新制的,如长期放置,镁屑表面常有一层氧化膜,可采用下法除去之:用 5%盐酸溶液与镁屑作用数分钟,抽滤除去酸液后,依次用水、乙醇、乙醚洗涤。抽干后置于干燥器内备用。

(4) 为了使开始时溴乙烷局部浓度较大,易于发生反应,搅拌应在反应开始后进行。若 5 分钟后反应仍不开始,可用温水浴加热。或在加热前加入一小粒碘促使反应开始。

(5) 2-甲基-2-丁醇与水能形成共沸物(沸点 87.4℃,含水 27.5%),因此必须很好地干燥,否则前馏分将大大地增加。

【思考题】

(1) 做好本实验的关键是什么?

(2) 能否用无水氯化钙代替无水碳酸钾干燥粗产品?

(3) 大量溴乙烷溶液为什么必须在反应开始后滴入反应液中,且滴加速度不宜过快?

实验九　2-硝基间苯二酚

【目的要求】

(1) 通过 2-硝基间苯二酚的制备,学习有机合成中的一些基本技巧——占位基、导向基和保护基的使用。

(2) 了解一锅煮合成法的意义;进一步熟悉水蒸气蒸馏的基本原理和操作方法。

【实验原理】

2-硝基间苯二酚的系统名称为 2-硝基-1,3-苯二酚,化学结构如下:

2-硝基间苯二酚为橘红色棱晶状物质(从乙醇-水中重结晶),熔点 85℃,能随水蒸气一同挥发。

2-硝基间苯二酚的合成方法为:以间苯二酚(雷锁辛)为原料,先将其磺化,让磺酸基进入两个较易被取代的位置。如此设计,不仅降低了苯环上的电子密度,提高了苯环的化学稳定性,而且,保护了较易反应的化学部位。第二步进行硝化,由于磺酸基的存在,硝基只能进入指定的较不易反应的位置(2-位)。第三步,利用磺化反应的可逆性,用稀酸进行水解,脱去磺酸基,得到目标产物。由于邻位羟基能与硝基形成分子内氢键,所以2-硝基间苯二酚具有较好的挥发性,可随水蒸气一起蒸出来。本合成路线需经过三步反应,若采用一锅煮法,则不必分离中间体。

反应式:

[反应式图示：间苯二酚 →(浓硫酸 60~65℃) 磺化产物 →(混酸 0~20℃) 硝化磺化产物 →(稀硫酸 Δ) 2-硝基间苯二酚]

【实验步骤】

方法一:

(1) 磺化占位:在150ml三口瓶中放入2.6g(0.023mol)粉状间苯二酚[1],搅拌下缓缓加入9.3ml(17g)浓硫酸,检查反应液温度的变化。用温水浴加热烧瓶使反应液温度达60~65℃后,移去热浴。室温下搅拌15分钟,反应液温度自然下降,磺化反应即告完成。

(2) 硝化:将2.1ml浓硫酸和1.5ml浓硝酸混配[2],置冰浴中冷却待用。将反应瓶置冰盐浴中冷却,使反应液降温至10℃以下。在搅拌下,用滴管将冷却后的混酸慢慢滴加到磺化混合液中。控制加入速度,使反应温度不超过20℃。加完后,在室温下搅拌15分钟,慢慢加入10g碎冰,硝化反应结束。

(3) 水解:加入约0.1g尿素[3],安装水蒸气蒸馏装置[4],进行水蒸气蒸馏[5],调节冷凝水流速以防冷凝管堵塞。馏出液用冰水冷却后,抽滤,得粗产品,称重。

(4) 重结晶:粗产品用乙醇-水重结晶,必要时可加适量活性炭脱色。

本实验需8~9小时。

方法二:

将2.8g(0.025mol)粉状间苯二酚放入100ml烧杯中,在充分搅拌下小心地加入13ml(0.24mol,98%)浓硫酸,此时反应放热,立即生成白色磺化物,然后使反应物在60~65℃反应15分钟。将烧杯放入冷水浴中冷至室温。用滴管滴加预先用2.8ml(0.052mol,98%)浓硫酸和2ml(0.032mol,65%~68%)硝酸配成冷却好的混酸。边滴加边搅拌,控制温度在(30±5)℃。反应过程中混合物黏度变小,并呈黄色。在此温度下继续搅拌15分钟。

将反应物移入250ml圆底烧瓶中,小心加入7ml水稀释之[6],温度控制在50℃以下。再加入约0.1g尿素,然后进行水蒸气蒸馏,在冷凝管壁上和馏出液中立即有橘红色固体出现[7]。当无油状物蒸出时,即可停止蒸馏,馏出液经水浴冷却后,过滤得粗产品。然后用少量乙醇-水(约需5ml 50%乙醇)混合溶剂重结晶,得橘红色晶体产量约0.5g(产率约13%)。

【注意事项】

(1) 间苯二酚用研钵研成粉状,否则,磺化不完全。并注意不要接触皮肤。

(2) 在配置混酸时,应将浓硫酸缓缓滴加到浓硝酸中,且须在冰浴中冷却。

(3) 加入尿素的目的是使多余的硝酸与其反应面生成$CO(NH_2)_2 \cdot HNO_3$,从而减少NO_2气体的污染。

(4) 在分离2-硝基间苯二酚时,采用内蒸气蒸馏法或外蒸气蒸馏均可(内蒸时150ml烧瓶即可,外蒸时建议采用250ml烧瓶)。

(5) 在进行水蒸气蒸馏时,磺酸基即可被水解掉。

(6) 稀释水不可过量,否则致使长时间的水蒸气蒸馏得不到产品。如发现上述情况,可将水蒸气蒸馏改为蒸馏装置,先蒸去一部分水。当冷凝管中出现红色油状物时,再改为水蒸气蒸馏。

(7) 可调节冷凝水的速度,来避免产品堵塞冷凝管的现象。

【思考题】
(1) 在本实验中硝酸用量过多有何影响？
(2) 本合成实验为什么可采用一锅煮法？
(3) 举例说明保护基在有机合成中的应用。
(4) 本实验能否直接用硝化法一步完成？为什么？
(5) 硝化反应为什么要控制在(30 ± 5)℃进行？如温度偏高或偏低时有什么不好？
(6) 进行水蒸气蒸馏前为什么先要用冷水稀释？

实验十　乙　　醚

【目的要求】
(1) 掌握由醇脱水法制备乙醚的原理和方法。
(2) 掌握滴液漏斗的使用及学习严格控制反应温度的方法。

【实验原理】
醚的制备方法主要有两种，一种是醇的分子间脱水；另一种是醇(酚)钠与卤代烃作用。实验室中制备乙醚常常用前一种方法，即乙醇和硫酸共热脱水法。

$$CH_3CH_2OH \xrightarrow[140℃]{H_2SO_4} CH_3CH_2OCH_2CH_3 + H_2O$$

将乙醇和浓硫酸混合，加热至145℃，便可制得乙醚。其反应过程是：乙醇与硫酸混合后加热先生成硫酸氢乙酯，生成的硫酸氢乙酯与醇和硫酸共热时，有一部分转变成硫酸二乙酯，在140℃左右，硫酸二乙酯和一分子乙醇作用，生成一分子乙醚和一分子硫酸氢乙酯。

$$CH_3CH_2OH + HOSO_2OH \longrightarrow CH_3CH_2OSO_2OH + H_2O$$
$$2CH_3CH_2OSO_2OH \rightleftharpoons CH_3CH_2OSO_2OCH_2CH_3 + H_2SO_4$$
$$CH_3CH_2OSO_2OCH_2CH_3 + CH_3CH_2OH \longrightarrow CH_3CH_2OCH_2CH_3 + CH_3CH_2OSO_2OH$$

制备乙醚时必须小心控制温度。温度低于140℃反应就难以完成，所得到的大都是没有变化的乙醇；但温度太高，所产生的也不是乙醚，而是乙烯。

【实验步骤】
乙醚的制备装置如图 3-1：

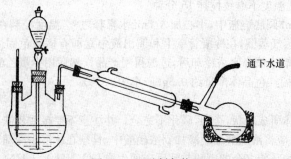

图 3-1　乙醚制备装置

在干燥的 125ml 三颈瓶中[1]，放入 95% 乙醇 15ml，在冷水浴冷却下，慢慢加入 15ml 浓硫酸，振摇使混合均匀，并加入几粒沸石。按图装置仪器，滴液漏斗末端及温度计汞球应浸入液面以下，距瓶底约 0.5～1cm 处。蒸馏瓶外用冰盐水冷却，其支管连接橡皮管通入下水道。

在滴液漏斗中加入 30ml 95% 乙醇，将三颈瓶在油浴中加热，当反应温度达到 140℃ 时，开始从滴液漏斗滴入乙醇，控制滴入速度和馏出速度大致相等[2]，并维持反应温度在 135～145℃。待乙醇加完后，继续加热 10 分钟，直到温度升到 160℃ 时为止，灭去火焰，停止反应。

把接收器中的馏出物倒入 125ml 分液漏斗中，依次用 10ml 5% 氢氧化钠溶液、10ml 饱和氯化钠溶液、10ml 饱和氯化钙溶液洗涤[3],将乙醚层从分液漏斗上口倒入干燥的锥形瓶中,加入无水氯化钙,振摇,加塞放置数小时。将干燥后的粗产物滤至干燥的 60ml 蒸馏瓶中,加入沸石,用热水浴蒸馏[4],收集 33~38℃的馏分,称重、计算产率。

纯粹乙醚为无色透明液体,沸点 34.51℃,密度 0.713 8,折光率 n_D^{20} 1.352 6。

本实验需 5~6 小时。

附 微型实验操作步骤

在干燥的 25ml 三颈平底烧瓶中,加入 2.5ml 95%乙醇。在冷水浴冷却下,边摇动边慢慢滴加 2.5ml 浓硫酸,加完后充分振摇使其混合均匀,加入 1~2 粒沸石。在三颈烧瓶的一个口上安装直形接引管和多功能梨形漏斗,另一侧口安装 200℃温度计。直形接引管末端及温度计汞球均应浸入液面以下,距瓶底 0.5~1cm 处。三颈瓶的中口装上 H 形分馏头,将其上口加塞封住,另一口装上球形冷凝管,用一锥形瓶接收液体,锥形瓶用冷水冷却,H 形分馏头的支管接橡皮管,将尾气导入下水道。装置如图 1-5 所示。

在多功能梨形漏斗中,放入 5ml 95%乙醇,用电热套加热三颈瓶,使反应温度较快地升至 140℃,这时,开始向漏斗中慢慢滴入 95%乙醇,控制滴入速度与馏出速度大致相等(每秒 1~2 滴),并控制液温在 135~150℃。待 95%乙醇滴完后(约 0.5~1 小时),继续加热 10 分钟,当温度上升到 160℃时,撤去热源,停止反应。

将锥形瓶中的馏出液转移到分液漏斗中,依次用 2ml 5%氢氧化钠溶液、2ml 饱和氯化钠溶液洗涤,最后每次用 1.5ml 饱和氯化钙溶液洗涤 2 次。分去水层,将乙醚层倒入干燥锥形瓶中,用少许无水氯化钙干燥。

将干燥后的粗产品滤入 10ml 圆底烧瓶,加入沸石,常压蒸馏,收集 33~38℃馏分。产量为 1.7~1.8g,产率为 35%~37%。

【注意事项】

(1) 如无三颈瓶,也可用蒸馏瓶代替。

(2) 在 140℃附近就有乙醚生成,此时滴入乙醇的速度应与蒸出乙醚的速度大致相等。滴加过快,不仅乙醇来不及作用就被蒸出,且使反应液的温度骤降,减少醚的生成。

(3) 氢氧化钠溶液洗后,若分离不当,会使乙醚层碱性太强。接下来直接用氯化钙洗涤时,将有氢氧化钙沉淀析出。为减少乙醚在水中的溶解度,以及残留的碱,故在用氯化钙洗涤前,先用饱和氯化钠洗。

(4) 在使用乙醚的实验台附近严禁有明火存在,水浴中的热水应在其他处预热。

【思考题】

(1) 为什么温度计的汞球及滴液漏斗的末端均应浸于反应液中?

(2) 反应温度过高、过低对反应有什么影响?

(3) 反应中可能产生的副产物是什么?各步洗涤的目的何在?

实验十一 苯 乙 酮

【目的要求】

(1) 了解 Friedel-Crafts 反应(傅-克反应)的原理及过程。

(2) 学习无水操作及搅拌装置、蒸馏的基本操作。

【实验原理】

在无水三氯化铝的存在下,芳烃与酰氯或酸酐作用,芳环上的氢原子被酰基取代,生成芳酮的反应称为傅-克酰基化反应。反应式为:

$$\text{C}_6\text{H}_6 + (\text{CH}_3\text{CO})_2\text{O} \xrightarrow{\text{无水AlCl}_3} \text{C}_6\text{H}_5\text{COCH}_3 + \text{CH}_3\text{COOH}$$

【实验步骤】

在 250ml 三颈瓶[1]中,分别装置搅拌器、滴液漏斗及冷凝管。在冷凝管上端装一氯化钙干燥管,后者再接一氯化氢气体吸收装置。

迅速称取20g经研碎的无水三氯化铝[2]，放入三颈瓶中，再加入30ml无水苯，在搅拌下滴入6ml乙酸酐(约6.5g,0.063mol)与10ml无水苯的混合液(约20分钟滴完)。加完后，在电热套上加热半小时，至无氯化氢气体逸出为止。然后将三颈瓶浸入冷水浴中，在搅拌下慢慢滴入50ml浓盐酸与50ml冰水的混合液。当瓶内固体物完全溶解后，分出苯层。水层每次用15ml苯萃取两次。合并苯层，依次用5％氢氧化钠溶液、水各20ml洗涤，苯层用无水硫酸镁干燥。

将干燥后的粗产物先在电热套上蒸出苯[3]。当温度升至140℃时，停止加热，稍冷换用空气冷凝管[4]。收集198~202℃的馏分[5]，产量4~5g(产率52％~65％)。

纯苯乙酮为无色透明液体，熔点为20.5℃，沸点202.0℃，密度1.0281，折光率n_D^{20}1.5372。

本实验需6~8小时。

附 微型实验操作步骤

按上述实验步骤安装好反应装置。称取3.0g研细的无水三氯化铝放入三颈圆底烧瓶，再加入4.5ml(4.0g,51mmol)无水苯。在电磁搅拌下，由滴液漏斗慢慢加入1.5ml(1.3g,17mmol)无水苯和(1.079,10mmol)乙酸酐的混合物。加完后，使其在水浴上加热到无氯化氢气体产生为止，约需15分钟。

将三颈圆底烧瓶浸入冷水浴中，搅拌反应液，用滴液漏斗慢慢滴入9ml浓盐酸和3ml冰水的混合液。在滴加过程中先出现白色沉淀，继续滴加，沉淀溶解，液体分层。将其转入分液漏斗中，分出有机层。水层用粗苯萃取3次，每次2ml，合并有机层，再依次用2ml 5％氢氧化钠溶液和2ml水各洗涤1次，有机层用适量无水硫酸镁干燥。将干燥后的液体直接抽滤到二颈瓶中，先在电热套上加热蒸馏出苯，再减压蒸馏，收集78℃/1.333kPa(10mmHg)、98℃/3.325kPa(25mmHg)的馏分，产量约为0.6g。

【注意事项】

(1) 仪器必须充分干燥，否则影响反应顺利进行。装置中凡是和空气相接触的地方，应装置干燥管。

(2) 无水三氯化铝的质量是实验成败的关键之一。研细、称量、投料都要迅速，避免长时间暴露在空气中。为此，可在带塞的锥形瓶中称量。

(3) 由于最终产物不多，宜选用较小的蒸馏瓶，苯溶液可用分液漏斗分数次加入蒸馏瓶中。

(4) 为减少产品损失，可用一根2.5cm长、外径与支管相仿的玻璃管代替，玻璃管与支管可借橡皮管连接。

(5) 也可用减压蒸馏。苯乙酮在不同压力下的沸点列表如下：

压力(mmHg)	4	5	6	7	8	9	10	25	30	40	50	60	70
沸点(℃)	60	64	68	71	73	76	78	98	102	110	115.5	120	134

【思考题】

(1) 为什么要求所用的苯不含噻吩？如何除去粗苯中的噻吩？

(2) 使用和蒸馏乙醚要注意什么？

实验十二 苯亚甲基苯乙酮

【实验原理】

【实验步骤】

在装有搅拌器、温度计和滴液漏斗的100ml三口烧瓶中放置12.5ml、10%氢氧化钠溶液,7.5ml乙醇和3ml苯乙酮(3.085g,0.025mol)在搅拌下自滴液漏斗中滴加2.5ml苯甲醛(2.625g,0.025mol),控制滴加速度使反应温度维持在20~30℃[1],必要时用冷水浴冷却。滴完后维持此温度继续搅拌半小时,再在室温下搅拌1~1.5小时,有晶体析出[2]。停止搅拌,用冰浴冷却10~15分钟使结晶完全。

抽滤收集产物,用水充分洗涤至洗出液呈中性,然后用约5ml冷乙醇洗涤晶体,挤压抽干。粗产物用95%乙醇重结晶[3](每克粗品需4~5ml溶剂,若颜色较深可加少量活性炭脱色),得浅黄色片状结晶3~3.5g,收率57.7%~67.3%,产品熔点56~57℃[4]。

【注意事项】

(1) 反应温度以25~30℃为宜,偏高则副产物较多,过低则产物发黏,不易过滤和洗涤。

(2) 一般室温搅拌1小时后即有晶体析出,若无结晶,可加入少许苯亚甲基苯乙酮成品,以促使结晶较快析出。

(3) 苯亚甲基苯乙酮熔点较低,溶样回流时会呈熔融油状物,需加溶剂使之真正溶解。本品可能引起某些人皮肤过敏,故操作时慎勿触及皮肤。

(4) 纯粹的苯亚甲基苯乙酮有几种不同的晶体形态,其熔点分别为:α体58~59℃(片状);β体56~57℃(棱状或针状);γ体48℃。

实验十三 苯甲酸和苯甲醇

【目的要求】

(1)熟悉反应原理,掌握苯甲酸的制备方法。

(2)巩固分液漏斗的使用及重结晶、抽滤的基本实验操作。

【实验原理】

PhCHO + KOH ⟶ PhCOOK + PhCH$_2$OH

【实验步骤】

在125ml锥形瓶中配制9g(0.16mol)氢氧化钾和9ml水的溶液,冷却至室温后,加入10ml(0.1mol)新蒸过的苯甲醛。用橡皮塞塞紧瓶口,不断用力振摇[1]。得白色糊状物,放置24小时以上。

向反应混合物中加入足够量的水溶解,振摇后置于分液漏斗中。每次用10ml乙醚萃取,共萃取水层3次,合并乙醚萃取液,水层保留。醚层依次用亚硫酸氢钠(饱和)、10%碳酸钠、水各5ml洗涤,最后用无水硫酸镁干燥。

干燥后的乙醚溶液,先水浴回收乙醚,再用空气冷凝管收集苯甲醇204~206℃的馏分。乙醚萃取后的水溶液,用浓盐酸酸化使刚果红试纸变蓝,充分冷却析出苯甲酸,粗产物用水重结晶。

苯甲醇产品约4~5g,产品的沸点为205.35℃;苯甲酸产品约8~9g。产品的熔点为121~122℃

本实验需6~7小时。

【注意事项】

(1) 充分振摇是反应成功的关键。

【思考题】

(1) 为什么要振摇?白色糊状物是什么?

(2) 各步洗涤分别除去什么?

(3) 萃取后的水溶液,酸化到中性是否最合适?为什么?不用试纸怎样知道酸化已恰当?

实验十四　呋喃甲醇和呋喃甲酸

【目的要求】

(1) 了解坎尼查罗反应,熟悉呋喃甲醇和呋喃甲酸的制备原理与方法。

(2) 掌握分离、纯化呋喃甲醇和呋喃甲酸的方法。

【实验原理】

不含 α-活泼氢的醛类与浓的强碱溶液作用,可发生自身氧化还原反应,一分子的醛被氧化为酸,另一分子的醛被还原为醇,此反应称为坎尼查罗(Cannizzaro)反应。

反应式:

$$\text{furfural} - \text{CHO} + \text{NaOH} \longrightarrow \text{furfuryl} - \text{CH}_2\text{OH} + \text{furoate} - \text{COONa}$$

$$\text{furoate} - \text{COONa} \xrightarrow{\text{H}^+} \text{furoic acid} - \text{COOH}$$

【实验步骤】

(1) 制备:在 250ml 的烧杯中,加入新蒸的呋喃甲醛[1] 19g(16.4ml,0.2mol),将烧杯浸入冰水中冷却至5℃左右,从滴液漏斗缓缓滴入 16ml 33%氢氧化钠溶液,边滴边搅拌,控制滴加速度使反应温度保持在8～12℃[2],在 20～30 分钟将氢氧化钠溶液滴完,于室温下静置半小时,并经搅拌[3]得一黄色浆状物。

(2) 分离呋喃甲醇:向反应混合物中加入约 16ml 的水使沉淀溶解[4],此时溶液为暗褐色。将溶液倒入分液漏斗中,每次用 15ml 乙醚萃取 4 次,合并乙醚萃取液(水层不可弃去!),用无水硫酸镁或无水碳酸钾干燥,过滤后先水浴蒸去乙醚,再蒸馏呋喃甲醇,收集 169～172℃的馏分。产量约 7～8g。

纯呋喃甲醇为无色或略带淡黄色的透明液体,沸点为 171℃,密度 1.1296,折光率 1.4868。

(3) 分离呋喃甲酸:乙醚萃取后的水溶液在搅拌下用 25%的盐酸约 5～6ml 酸化,至刚果红试纸变蓝[5]。冷却使呋喃甲酸完全析出,抽滤,用少量水洗涤。粗产物可用水重结晶[6],得呋喃甲酸白色针状晶体,熔点 129～130℃[7],产量约 8g。

纯呋喃甲酸的熔点为 133～134℃。

本实验需用 8 小时。

附　微型实验操作步骤

(1) 在 10ml 锥形瓶内加入 3.2ml(1.86g,19.36mmol)呋喃甲醛,用冰水浴冷却至5℃,在搅拌下,用滴管滴入 3.2ml 33%氢氧化钠溶液,控制温度在10℃左右。加完后,于室温下搅拌 20 分钟,得黄色浆状物。再加入约 1.5ml 水,使其恰好溶解,此时溶液为棕红色。

将棕红色溶液转移到分液漏斗中,用乙醚萃取 4 次,每次 1.5ml。合并有机层(水层不可弃去!),用适量无水碳酸钠干燥后,直接抽滤于圆底烧瓶中进行蒸馏,先蒸出乙醚,再减压蒸出呋喃甲醇,产量为 0.5～0.7g。

(2) 乙醚萃取后的水溶液用约 2ml 25%盐酸酸化至刚果红试纸变蓝,充分冷却得浅黄色沉淀,抽滤,用少量冷水洗涤,压紧抽干。将粗产品转移到 10ml 锥形瓶中,加入 3.5ml 水,加热溶解后,稍冷,再加少许活性炭脱色,趁热抽滤。滤液冷却,析出白色晶体,抽滤,烘干,得呋喃甲酸。产量为 0.43～0.52g。

【注意事项】

(1) 呋喃甲醛放久会变成棕褐色或黑色,同时也含有一定的水分。因此使用前必须蒸馏提纯,收集 155～162℃的馏分。新蒸的呋喃甲醛为无色或浅黄色的液体。

(2) 反应温度高于12℃,则使反应物变成深红色,并增加副产物,影响产量和纯度;低于8℃,则反应过慢,会积累一些氢氧化钠。

(3) 加完氢氧化钠后,若反应液已变成黏稠物时,就可不再进行搅拌。

(4) 加水过多会损失一部分产品。

(5) 酸要加够,以保证 pH=3 左右,使呋喃甲酸充分游离出来。
(6) 重结晶呋喃甲酸粗品时,如长时间回流,部分呋喃甲酸会分解,出现焦油状物。
(7) 实验产品的熔点一般约在 130℃。因为在 125℃开始软化,完全熔融温度约为 132℃。

【思考题】
(1) 如何利用坎尼查罗反应,将呋喃甲醛全部转化为呋喃甲酸?
(2) 本实验中两种产物是根据什么原理分离提纯的?
(3) 用浓盐酸将经乙醚萃取后的呋喃甲酸酸化至中性是否适当?为什么?若不用刚果红试纸,怎样知道酸化是否恰当?

实验十五 乙酰水杨酸

【目的要求】
(1) 熟练掌握无水操作方法,了解酰化反应的过程。
(2) 熟练掌握重结晶的操作方法。

【实验原理】
乙酰水杨酸通常称为阿司匹林。由水杨酸(邻羟基苯甲酸)制备乙酰水杨酸是以乙酸酐作为酰化剂。水杨酸是一个具有酚羟基和羧基双官能团的化合物,能进行两种不同的酯化反应。当与乙酸酐作用时,可得到乙酰水杨酸;当与过量的甲醇作用时,得到的是水杨酸甲酯(冬青油)。本实验为前一种酯化反应。

反应式:

$$\text{C}_6\text{H}_4(\text{OH})\text{COOH} + (\text{CH}_3\text{CO})_2\text{O} \longrightarrow \text{C}_6\text{H}_4(\text{OCOCH}_3)\text{COOH} + \text{CH}_3\text{COOH}$$

由于水杨酸中的羧基与羟基能形成分子内氢键,反应需加热到 150~160℃,若加入少量的浓硫酸、浓磷酸或过氯酸等来破坏氢键,则反应可降到 60~80℃进行,同时还减少了副产物的生成。

乙酰水杨酸(阿司匹林)是重要的药物,具有解热镇痛、抗风湿、抑制血栓形成等作用。

【实验步骤】
将 2.5g 水杨酸置于干燥的 50ml 锥形瓶中,加入乙酸酐 3.5ml,浓硫酸 2 滴,振摇均匀,移入预热至 75~80℃的热水浴中[1],不断振摇,反应进行 20 分钟。放冷至室温,在不断搅拌下往锥形瓶中倒入 40ml 冷水,冰水浴冷却析晶,抽滤,用少量冷水洗涤,尽量抽干,得到乙酰水杨酸粗品。

将粗品置于锥形瓶中,加入 95%乙醇 5ml,水浴加热至全溶,立即取出,趁热在不断振摇下滴入预热至 70℃的热水至溶液混浊(醇与水的体积比约为 1:3),然后放入冰水浴中振摇,使大量晶体析出,抽滤,用大约 10ml 醇水混合液分次洗涤(醇水比例同前),抽滤,干燥,称重,测熔点[2],三氯化铁溶液检识[3]。

本实验需 5~6 小时。

如果此实验作为综合实验,可以用薄层色谱法定性的方法对乙酰水杨酸进行杂质检查;再利用高效液相色谱仪对乙酰水杨酸进行含量测定(参考分析化学实验相关内容)。

附 微型试验操作步骤

将 1.0g 水杨酸置 30ml 锥形瓶中,加入 2.5ml 乙酸酐和 3 滴浓硫酸,缓缓旋摇直至水杨酸溶解。将锥形瓶置 70~75℃水浴上缓缓加热 5~10 分钟。冷却,乙酰水杨酸在此期间应开始从反应物中结晶析出,如果不结晶,可用玻璃棒摩擦瓶壁,并置混合物于冰水浴中稍加冷却,直至开始结晶。加入 25ml 水,并置混合物于冰水浴中冷却,使结晶完全,抽滤,以少量冷水洗涤晶体。

将粗产物移入 100ml 烧瓶中,加入 13ml 饱和碳酸氢钠水溶液,搅拌至无气泡放出为止。抽滤除去高聚物,用 5ml 水洗涤,洗涤液并入滤液中。将滤液加到 2ml 浓盐酸和 5ml 水的混合溶液中,乙酰水杨酸将沉淀析出,用冰水浴充分冷却,抽滤,洗涤,干燥。

【注意事项】
(1) 反应温度不宜超过 90℃,否则将有副产物生成,如水杨酰水杨酸酯、乙酰水杨酰水杨酸酯。
(2) 乙酰水杨酸易受热分解,因此熔点较难测定,无定值,一般为 132~135℃。
(3) 纯乙酰水杨酸分子中无游离的酚羟基,不与三氯化铁溶液起颜色反应,但水杨酸可以使三氯化铁溶液成紫色,故可用来检验此合成实验反应是否完全。

【思考题】
(1) 计算本实验原料用量的摩尔比,并解释为什么用过量的乙酸酐,而不用过量的水杨酸?
(2) 制备乙酰水杨酸时,为何要加浓硫酸?
(3) 反应仪器为什么要干燥无水? 水的存在对反应有何影响?
(4) 重结晶操作包括哪些步骤? 什么叫混合溶剂重结晶?
(5) 反应中有哪些副产物? 应如何除去?

实验十六 己 二 酸

【目的要求】
(1) 学习用环己醇氧化制备己二酸的原理和方法。
(2) 掌握浓缩、减压过滤、重结晶等操作技能。

【实验原理】
己二酸是合成尼龙 66 的主要原料之一。它可以用硝酸或高锰酸钾氧化环己醇而制得。

【实验步骤】
方法一:
在装有回流冷凝管、温度计和滴液漏斗的 125ml 三颈烧瓶中放置 16ml(21g)50% 硝酸[1,2] 及少许钒酸铵(约 0.01g),并在冷凝管上接一气体吸收装置,用碱液吸收反应过程中产生的氧化氮气体[3],三颈瓶用水浴预热到 50℃ 左右,移去水浴,用滴液漏斗先滴加 6~8 滴环己醇溶液[4],同时加以摇动,至反应开始,瓶内反应物温度升高,并有红棕色氧化氮气体放出,然后慢慢加入其余的环己醇,总量共 5.3ml(约 5g)[5],控制滴加速度,使瓶内温度维持在 50~60℃ 之间(在滴加时,应经常加以摇动),反应瓶内温度过高时,可用冷水浴冷却,温度过低时,则可用水浴加热,滴加完毕约需 20~30 分钟,加完后继续振荡,并用 80~90℃ 的热水浴再加热约 15 分钟,至几乎无红棕色气体放出为止。稍冷后,将反应物小心地倒入一个外面用冰水浴冷却的烧杯里,冷却后即有己二酸晶体析出。抽滤收集析出的晶体,用 20ml 冰水洗涤,干燥。粗产物约 6g。熔点 146~149℃。

方法二:
在装有搅拌器、温度计的 250ml 三颈烧瓶中,加入 5.2ml 环己醇和 7.5g 的碳酸钠溶于 50ml 水的溶液。开动搅拌器,在迅速搅拌下,分批少量地加入研细的 22.5g 高锰酸钾,加入时,必须控制反应温度在 30℃ 以下[6]。加完后继续搅拌,直至反应温度不再上升为止。然后在 50℃ 的水浴中加热并不断搅拌半小时[7],反应过程中,有大量二氧化锰沉淀产生。

将反应混合物抽滤,用 20ml 10% 碳酸钠溶液洗涤滤渣[8],洗涤液并入滤液中。在搅拌下,慢慢往滤液中滴加浓硫酸,直到溶液呈强酸性,己二酸沉淀析出。冷却、抽滤、晾干。产量约 4.5g。

粗己二酸可以在水中进行重结晶。
纯己二酸为白色棱状晶体。熔点 153℃。

本实验需要 5～7 小时。

附　微型实验操作步骤

本实验必须在通风橱内进行。做实验时必须严格遵照规定的反应条件进行。

在三颈圆底烧瓶中插入温度计(其汞球要尽量接近瓶底),装上回流冷凝管,回流冷凝管上端接气体吸收装置,用碱液吸收反应产生的氧化氮气体。在烧瓶中加 5ml 水、5ml 硝酸和 1 小粒钒酸铵。搅拌使溶液混合均匀,在水浴上加热到 50℃。用滴管滴加 2 滴环己醇。反应立即开始,温度随之上升并有红棕色气体放出。小心地逐滴滴加 2.1ml 环己醇(最好用滴液漏斗!),控制温度在 85～90℃,必要时用冷水冷却。待环己醇全部加入后维持混合物在 85～90℃下反应 2～3 分钟,至几乎无红棕色气体放出为止。

将反应物倾人冷水中并冷却,抽滤析出晶体。烧瓶中剩余的晶体用滤液洗出。用 3ml 冰水洗涤己二酸粗品 2 次,抽干,产量约 1.4g。粗品可用水重结晶。

【注意事项】

(1) 环己醇与浓硝酸不可用同一量筒量取,因两者相遇会发生剧烈反应,甚至发生意外。

(2) 硝酸过浓会使反应太激烈,50%浓度的硝酸(相对比重 1.31)可用市售的(相对比重 1.42,浓度为 71%)硝酸 10.5ml 稀释到 16ml 即可。

(3) 本实验最好在通风橱中进行,因为产生的氧化氮是有毒气体,不可逸散在实验室内。反应装置要求密封良好无泄漏;如发现漏气现象,应即暂停实验,改正后再继续进行。

(4) 此反应为强放热反应,滴加环己醇的速度不宜过快,以避免反应过于剧烈而引起爆炸。

(5) 环己醇熔点为 24℃,熔融时为黏稠液体,为了减少转移时的损失,可用少量水冲洗量筒并入滴液漏斗中。在室温较低时,这样做还可以降低其熔点,以免堵住漏斗。

(6) 加入高锰酸钾后,反应可能不会马上开始,可用 40℃水浴温热,当温度升到 30℃时,必须立刻撤开温水浴,反应温度超过 30℃,反应就难以控制,会引起内容物冲出反应器。

(7) 为使反应进行得更完全,这一步必须进行至撤去温水浴后反应温度不再上升时为止。

(8) 在二氧化锰滤渣中易夹杂己二酸钾盐,故须用碳酸钠溶液把它洗下来。

【思考题】

(1) 如何用市售的浓度为 65%,相对比重为 1.4 的浓硝酸配制 21g 50%硝酸? 常用的浓硝酸、浓硫酸、浓盐酸的浓度、相对比重是多少?

(2) 为什么必须严格控制氧化反应的温度?

(3) 在有机制备中为什么常使用搅拌器? 在什么情况下,搅拌器装置要采用液封? 而有时可以省去?

(4) 为什么有时实验在加入最后一个反应物前应预先加热(如本实验中先预热到 50℃)? 为什么一些反应剧烈的实验,开始时的加料速度较慢? 等反应开始后反而可以适当加快加料速度,原因何在?

(5) 粗产物为什么必须干燥后称重并最好进行熔点测定?

实验十七　肉　桂　酸

【目的要求】

(1) 熟悉利用珀金反应制备肉桂酸的原理和方法。

(2) 掌握水蒸气蒸馏的基本原理及操作方法。

【实验原理】

芳香醛和脂肪酸酐在相应脂肪酸碱金属盐的催化下缩合,生成 β-芳基丙烯酸类化合物的反应称为珀金(Perkin)反应。本反应的实质酸酐与芳醛之间的羟醛缩合,其反应式为:

$$\text{C}_6\text{H}_5\text{CHO} + (\text{CH}_3\text{CO})_2\text{O} \xrightarrow[170\sim180℃]{\text{CH}_3\text{COOK}} \text{C}_6\text{H}_5\text{CH}=\text{CHCOOH} + \text{CH}_3\text{COOH}$$

【实验步骤】

本实验所用反应仪器及量取反应试剂的容器必须是干燥的。

在干燥的 100ml 圆底烧瓶中放入 3g 碾细的、新熔融过的无水乙酸钾粉末[1]、5ml(0.05mol)新蒸馏过的苯甲醛[2]和 7ml 乙酸酐，振摇使三者混合。装上空气冷凝管，在电热套上加热回流。先加热至 160℃左右，保持 45 分钟，然后升温至 170～180℃，保持 1.5 小时。如果实验需中途停顿，则应在冷凝管上端接一个氯化钙干燥管，以防空气中水分侵入，影响实验结果。

将反应物趁热倒入盛有 50ml 水的 500ml 圆底烧瓶内，原烧瓶用 50ml 沸水分两次洗涤，洗涤液也倒入 500ml 烧瓶中。一边充分摇动烧瓶，一边慢慢加入少量碳酸钠固体[3]，直至反应混合物呈弱碱性(约 7～7.5g)。然后进行水蒸气蒸馏，蒸出未作用的苯甲醛至馏出液无油珠状为止。剩余物中加入少许活性炭，加热回流 10 分钟，趁热过滤。滤液小心地用浓盐酸酸化。将热溶液放入冷水浴中，搅拌冷却。待肉桂醛完全析出后，减压过滤，产物用少量水洗净，挤压去水分，在 100℃以下干燥，产物可在热水中进行重结晶。

产量 7.5～9g。纯肉桂醛为无色晶体，熔点 133℃。

本实验需要 8 小时。

【注意事项】

(1) 将晶体乙酸钾置蒸发皿中加热至熔融，继续加热并不断搅拌。约 120℃时出现固体，继续加大火力加热，直到乙酸钾再次熔融，停止加热，置干燥器中放冷，碾碎，备用。本反应用无水碳酸钾的催化效果比无水碳酸钠好。

(2) 本实验所用苯甲醛不能含有苯甲酸。

(3) 此处不能用氢氧化钠代替碳酸钠，因未反应的苯甲醛在此情况下可能发生歧化反应，生成的苯甲酸难以分离掉。

【思考题】

(1) 具有何种结构的醛能发生珀金反应？

(2) 为什么要进行水蒸气蒸馏？

实验十八　苦杏仁酸的制备

【目的要求】

(1) 学习苦杏仁酸合成的原理和实验方法。

(2) 熟悉氯化三乙基苄基铵试剂的使用。

【实验原理】

苦杏仁酸学名：α-羟基苯乙酸，白色斜方片晶体，有左旋和右旋的光学异构体。

天然品左旋体为熔点 130℃的结晶，混合外消旋体的熔点为 119℃。用作医药中间体，用来合成环扁桃酯、扁桃酸、乌洛托品及阿托品类解痉剂。

【实验步骤】

在装有搅拌器、滴液漏斗、温度计和球形冷凝管的 100ml 四颈圆底烧瓶中，加入 10.6g 苯甲醛，1.3g 氯化三乙基苄基铵和 24g(16ml)氯仿。开始搅拌并缓慢加热，待温度升到 55～60℃时，缓慢地滴入 50%氢氧化钠溶液 25ml，控制滴加速度，维持反应温度在 55～60℃之间，加毕，在此温度下继续搅拌 1 小时。

当反应混合物冷却至室温后，停止搅拌，倒入 200ml 水中，用乙醚萃取两次，每次用 20ml，以除掉未反应的氯仿等有机物，此时水层为亮黄色透明状。水层加 50%的硫酸酸化至 pH=1～2，再用乙醚萃取 4 次,每次用 20ml,合并四次乙醚萃取液,倒入一个干燥的瓶中,加入无水硫酸钠干燥。在常压下蒸去乙醚得到粗产物。粗产物用甲苯重结晶,冷却、抽滤、干燥,得到纯产品。

本实验需 6~7 小时。

【思考题】
(1)为什么产物是外消旋体?
(2)氯化三乙基苄基铵的作用是什么?

实验十九 水杨酸甲酯

【目的要求】
(1)巩固回流、蒸馏的基本操作。
(2)学习减压蒸馏的装置和操作技术。

【实验原理】
水杨酸甲酯最早是从冬青树叶中提得,所以又叫冬青油(商品名),它具有特殊的香味和防腐止痛作用,可作为香料和防腐剂。医药上主要用于外擦止痛和治疗风湿症等。

水杨酸甲酯为具有香味的无色或微黄色油状液体,微溶于水,溶于氯仿、乙醚,与乙醇能混溶,沸点 223.3℃,密度为 1.1738,在高温下易分解,所以常用减压蒸馏法提纯。目前生产上用水杨酸和甲醇在无机酸的催化脱水作用下,直接酯化制取水杨酸甲酯。

$$\text{C}_6\text{H}_4(\text{OH})\text{COOH} + \text{CH}_3\text{OH} \xrightleftharpoons{\text{H}_2\text{SO}_4} \text{C}_6\text{H}_4(\text{OH})\text{COOCH}_3 + \text{H}_2\text{O}$$

【实验步骤】
将 28g 水杨酸置于干燥的 250ml 圆底烧瓶中(烧瓶中需加少许止爆剂),加入甲醇 81ml(64g),振摇使水杨酸溶解,再在不断振摇和冰水浴冷却下滴加浓硫酸 16ml[1],然后在电热套上加热回流 1 小时。稍冷后,改成蒸馏装置回收甲醇(64.5℃馏分)约 50ml,保留甲醇少许,以防逆反应发生。剩余溶液放冷后,倒入盛有 100ml 冷水的分液漏斗中,振摇后静置,待液体分层后,分出下层油状物,用饱和碳酸氢钠溶液洗至中性[2],再用水洗 1~2 次,将水杨酸甲酯置于干燥小锥形瓶中,加入 5g 无水硫酸镁[3],振摇,放置 0.5 小时以上。

过滤除去硫酸镁,滤液置干燥的 50ml 圆底烧瓶中进行减压蒸馏(蒸馏装置中用空气冷凝管冷凝)[4],收集 115℃/20mmHg 的产品,称重,计算产率。

本实验需 6~7 小时。

【注意事项】
(1)本实验采用浓硫酸作催化剂和脱水剂易腐蚀设备且有副反应,最好使用离子交换树脂、固体超强酸、无机路易斯酸等绿色催化剂。
(2)用饱和碳酸氢钠洗涤的目的是除去杂质酸类(硫酸和水杨酸)。
(3)加无水硫酸镁的目的是干燥水杨酸甲酯。
(4)实验前应充分预习减压蒸馏原理和操作方法。

【思考题】
(1)本反应为什么要加入浓硫酸?
(2)甲醇和水杨酸的摩尔比是多少?为什么?
(3)本实验从回流装置改成蒸馏装置这一过程的操作顺序及注意事项是什么?
(4)产品为什么要用碱洗、水洗?
(5)为什么用减压蒸馏法精制水杨酸甲酯?减压蒸馏的原理是什么?
(6)减压蒸馏装置使用哪些仪器?操作应注意什么?

(7) 本实验减压蒸馏时为什么用空气冷凝管？

实验二十 乙 酸 乙 酯

【目的要求】
(1) 了解并掌握乙酸乙酯的制备方法。
(2) 掌握蒸馏及分液漏斗的使用方法。

【实验原理】
本实验采用乙酸与乙醇为原料，在浓硫酸催化下，加热而制得乙酸乙酯。

$$CH_3COOH + C_2H_5OH \xrightleftharpoons{H_2SO_4} CH_3COOC_2H_5 + H_2O$$

增高温度或使用催化剂可加快酯化反应速率，使反应在较短的时间内达到平衡。酯化反应是一可逆反应，当反应达到平衡后，酯的生成量就不再增加，为了提高酯的产量，可采用加过量的乙醇，并利用乙酸乙酯易挥发的特性，使它生成后立即从反应混合物中蒸出，用脱水剂把生成物之一的水不断吸收除去，破坏可逆平衡，使产量提高。

【实验步骤】
方法一：

在 100ml 圆底烧瓶中，加入 15ml 冰乙酸和 23ml 95％乙醇，在振摇下滴入 7.5ml 浓硫酸充分摇匀，加几颗沸石，装上回流冷凝管，在水浴上加热回流 30 分钟。稍冷后，改成蒸馏装置，水浴上蒸馏，蒸至不再有蒸出物为止。往馏出液中加饱和碳酸钠溶液，充分摇匀，有机相呈碱性或中性。用分液漏斗分去有机相，有机相加等体积的饱和食盐水洗一次，再用等体积的饱和氯化钙溶液洗一次，分出有机相，用无水硫酸钠干燥。干燥后的粗产品滤至干燥的蒸馏烧瓶中，加几颗沸石，于水浴上蒸馏，收集 73～78℃馏分，产量约 13.1～15.6g。

方法二：

在 150ml 三颈烧瓶中，放入 10ml 无水乙醇，在振摇下分次加入 10ml 浓硫酸，混合均匀，加入 2～3 粒沸石。瓶口两侧装置温度计和滴液漏斗[1]，它们的末端均应浸入液体中，距瓶底约 1cm 左右；烧瓶的中口装置蒸馏头或刺形分馏柱，分馏柱的上端用软木塞封闭，然后再与冷凝管连接，冷凝管的末端连接一个接液管，伸入 100ml 锥形瓶中。

装置完毕，在电热套上慢慢加热到 110℃，这时已有液体蒸出。在此温度下，将 20ml 冰乙酸与 20ml 无水乙醇的混合物由滴液漏斗慢慢滴入反应烧瓶中（约 70 分钟滴完）。反应温度保持在 110～120℃[2]。滴完后继续保温 120℃约 10 分钟（直到不再有液体馏出）。把收集到的馏液放在分液漏斗中，用 10ml 饱和食盐水洗涤[3]，用分液漏斗分离下面水层后，上层液体再用 20ml 20％碳酸钠溶液洗涤[4]，一直到上层液体 pH 7～8 为止。分去碳酸钠液体后，再用 10ml 水洗一次[5]，再用 10ml 50％氯化钙洗两次[6]，静置，弃去下面水层，上面酯层自分液漏斗上口倒入干燥的 50ml 锥形瓶中，用大约 1g 无水 MgSO₄ 干燥，加塞，放置，直到液体澄清后，通过漏斗滤入干燥的 60～100ml 蒸馏瓶中，用水浴加热进行蒸馏，收集 73～78℃的馏分，称重，计算产率。

纯乙酸乙酯为无色透明液体，沸点 77.1℃，密度 0.9003，折光率 1.3723。

附 微型实验操作步骤

在圆底烧瓶中加入 6ml(0.1mol)95％乙醇和 3.8ml(0.066mol)冰乙酸，再加入 0.5ml 浓硫酸，摇匀，装上冷凝管，接通冷凝水，放入沸石，小火加热，使溶液保持微沸，回流 20 分钟，冷却。改装蒸馏装置，加热蒸出反应瓶内约 2/3 的液体（大致蒸到蒸馏液泛黄，馏出速度减慢为止）。向馏出液中慢慢滴加饱和碳酸钠溶液，一边加一边振摇，直到没有气体产生为止。将馏出液转移至分液漏斗，摇荡洗涤，静置，分去碱水层。有机层分别用 3.2ml 饱和氯化钠溶液、3.2ml 饱和氯化钙溶液和水各洗涤 1 次，分去水层。有机层从分液漏斗上口倒入干燥的锥形瓶中加少量无水硫酸钠干燥。将干燥后的有机层直接过滤于圆底烧瓶中，装好蒸馏装置进行蒸馏，收集 74～77℃馏分。产量约 1～1.3g。

【注意事项】

(1) 分液漏斗的末端应伸入反应液面以下 8～10mm,若在液面上则滴入的乙醇易受热蒸出,无法参加反应,影响产量;若插入液面太深,又因压力关系而使混合液难以滴下。

(2) 严格控制反应温度和速率很重要,一般保持反应温度在 110～120℃,温度太低反应不完全,温度太高则副产品增加。滴加速度太快会使乙酸和乙醇来不及反应而被蒸出。

(3) 为了减少酯在水中的溶解度(每 17 份水溶解 1 份乙酸乙酯),故这里用饱和食盐水洗去水溶性杂质,如部分乙醇、乙酸等。

(4) 用碳酸钠溶液可洗去残留在酯中的酸性物质如乙酸、亚硫酸。

(5) 用水洗去残留的碳酸钠,否则后面用氯化钙溶液洗时,将产生碳酸钙沉淀而造成分离困难。

(6) 用 50% 的氯化钙洗去混在酯中的乙醇,此步很重要,因为乙醇与乙酸乙酯能生成共沸点溶液(沸点 70～71.8℃),致使蒸馏时在 73℃ 前有大量共沸液蒸出,影响乙酸乙酯的产量。

本实验仍采用浓硫酸作催化剂和脱水剂,易腐蚀设备并产生副反应,且中和时会生成许多无机盐废物。目前发现许多物质如离子交换树脂、固体超强酸、无机路易斯(Lewis)酸等均有利于催化剂的绿色化。

本实验所采用的酯化方法,仅适用于合成一些沸点较低的酯类,优点是能连续进行,用较小的容积的反应瓶制得较大量的产物。对于沸点较低的酯类,若采用相应的酸和醇回流加热来制备,常常不够理想。

乙醇沸点 78℃,冰乙酸沸点 117～118℃,乙酸乙酯与水的共沸物(含 8.2% 的水)沸点 70.4℃,乙酸乙酯与醇的共沸物(含 30.8% 的乙醇)沸点 71.8℃。三元共沸物:乙酸乙酯与水和醇能形成 70.3℃ 的共沸混合物,其中含水 7.8%,乙醇 9.0%,乙酸乙酯 83.2%。

【思考题】

(1) 酯化反应有什么特点?本实验采取哪些措施使酯化尽量向正反应方向完成?

(2) 本实验可能有哪些副反应?生成哪些副产物?乙酸乙酯粗品有哪些杂质?如何除去?

(3) 酯化反应中用作催化剂的硫酸,一般只需醇重量的 3% 就够了,本实验为什么用了 10ml?

(4) 实验成败的关键何在?

(5) 如果采用乙酸过量是否可以?为什么?

实验二十一 乙酰乙酸乙酯

【目的要求】

(1) 了解利用酯缩合反应制备乙酰乙酸乙酯的原理和方法。

(2) 掌握无水操作和减压蒸馏等基本操作。

【实验原理】

利用克莱森(Claisen)缩合反应,可使两分子具有 α-H 的酯在醇钠的作用下生成 β-酮酸酯。反应通常以酯和金属钠为原料,利用酯中所含的微量醇与金属钠反应生成醇钠,随着反应进行,由于醇的不断生成,反应就不断进行下去,直至金属钠消耗完。

$$CH_3\overset{O}{\overset{\|}{C}}-OC_2H_5 \xrightleftharpoons{NaOC_2H_5} CH_3\overset{O}{\overset{\|}{C}}-CH_2-\overset{O}{\overset{\|}{C}}-OC_2H_5 + C_2H_5OH$$

【实验步骤】

在干燥的 100ml 圆底烧瓶中,加入 12.5ml 甲苯和 2.5g 新切金属钠[1],装上回流冷凝管,其上口安装氯化钙干燥管,加热回流至钠熔融。待回流停止,拆去冷凝管,用橡皮塞塞紧瓶口,按紧塞子用力振摇几下,使钠分散成钠珠,待甲苯冷却,钠珠迅速固化成粉状。静置待粉沉于底部,将甲苯倒出,迅速加入 27.5ml 乙酸乙酯,装上冷凝管,反应即刻发生并有氢气逸出。必要时可用水浴加热,促使反应进行。保持微沸状态至金属钠作用完。生成的乙酰乙酸乙酯钠盐为橘红色透明溶液。

将反应物冷却,振摇下小心加入约 15ml 50%乙酸[2],至反应液显微弱酸性为止。将反应物移入分液漏斗中,加等体积氯化钠饱和溶液,用力振摇,放置令乙酰乙酸乙酯全部析出,分出产品并用无水硫酸钠干燥。

将粗产品滤至蒸馏烧瓶中,用沸水浴蒸馏,收集低沸点物。剩余液进行减压蒸馏[3],收集(82~88℃/20~30mmHg)的馏分,产品重 6~7g。

纯乙酰乙酸乙酯为无色透明液体,沸点 180.4℃,密度 1.0282,折光率 1.4194。

本实验需 8 小时。

【注意事项】

(1) 金属钠在切片或称量时要迅速,避免受氧化和水汽侵蚀。

(2) 由于乙酰乙酸乙酯中亚甲基上的氢活性较大,其相应的酸性比醇大,故在醇钠存在时,即反应结束时,乙酰乙酸乙酯也是以钠盐的形式存在。加入乙酸可以使其钠盐转化为乙酰乙酸乙酯。

(3) 乙酰乙酸乙酯在常压下蒸馏时易分解,故采用减压蒸馏。

【思考题】

(1) 本实验所用的缩合剂是什么?它与反应物的摩尔比如何?应以哪种原料为基础计算产率?

(2) 实验中加 50%乙酸的目的何在?

(3) 加饱和氯化钠溶液的目的是什么?

实验二十二　邻苯二甲酸二丁酯

【目的要求】

(1) 学习邻苯二甲酸二丁酯的制备方法。

(2) 学习水分离器的使用方法。

【实验原理】

邻苯二甲酸二丁酯一般是以苯酐为原料来制备。反应的第一步进行得迅速而完全,第二步则是可逆反应。为使反应向正反应方向进行,需利用水分离器将反应过程中生成的水不断地从反应体系中除去。

$$\text{苯酐} + n\text{-}C_4H_9OH \xrightarrow{H_2SO_4} \text{邻苯二甲酸单丁酯}$$

$$\text{邻苯二甲酸单丁酯} + n\text{-}C_4H_9OH \underset{}{\overset{H_2SO_4}{\rightleftharpoons}} \text{邻苯二甲酸二丁酯} + H_2O$$

【实验步骤】

在 125ml 三颈瓶中,加入 11.3g(0.08mol)邻苯二甲酸酐,21ml 正丁醇及 0.2ml 浓硫酸,混合均匀。瓶口分别装温度计和水分离器,分离器上端装回流冷凝管,水分离器内装满正丁醇,然后用小火加热,待邻苯二甲酸酐全部溶解后[1],即有正丁醇和水的共沸物蒸出[2],看到有小水珠逐渐沉到水分离器的底部。当瓶内反应液温度缓慢地达到 160℃[3]时,可停止反应,约需 2 小时。

将反应液冷到 70℃以下[4],移入分液漏斗中,用 15~20ml 碳酸钠溶液中和至碱性,分出有机层,再用温热的饱和食盐水洗涤有机层至中性。将洗后的有机液移入克氏蒸馏烧瓶中,先用水泵减压抽去水和正丁醇,再用油泵进行减压蒸馏,收集 180~190℃/10mmHg 的馏分,产量约 20 g。

纯邻苯二甲酸二丁酯为无色油状液体,沸点 340℃,密度 1.0470,折光率 1.4911。
本实验需 5~6 小时。
【注意事项】
(1) 邻苯二甲酸酐全部溶解后,第一步反应即邻苯二甲酸单丁酯反应已基本完成。
(2) 正丁醇-水共沸物的沸点为 93℃(含水 44.5%),共沸物冷凝后,在水分离器中分层,上层主要是正丁醇(含水 20.1%),下层为水(含正丁醇 7.7%)。
(3) 温度超过 180℃,邻苯二甲酸二丁酯易分解。
(4) 碱中和时温度不得超过 70℃,碱浓度也不宜过高,否则引起酯的皂化反应。
【思考题】
(1) 此合成反应中有哪些副反应?
(2) 反应中硫酸的用量的多少对反应有何影响?

实验二十三 苯 胺

【目的要求】
(1) 掌握硝基苯还原制备苯胺的原理和实验方法。
(2) 巩固水蒸气蒸馏和简单蒸馏的基本操作。
【实验原理】
芳胺的制备不可能直接将氨基引入芳环,一般都是采用间接的方法。例如,苯胺的制备就是通过硝基苯还原而生成。实验室常用的还原剂有铁-盐酸、锌-盐酸、锡-盐酸等。本实验采用铁-盐酸法。

$$\text{C}_6\text{H}_5\text{NO}_2 + \text{Fe} + \text{H}_2\text{O} \xrightarrow{\text{HCl}} \text{C}_6\text{H}_5\text{NH}_2 + \text{Fe}_3\text{O}_4$$

【实验步骤】
在 250ml 圆底烧瓶中,放入 40g 还原铁粉,40ml 水及 2ml 浓盐酸,用力振摇使其充分混合[1],装上回流冷凝管,用小火加热回流 8~10 分钟,移去火源,稍冷后加入 25 g(21ml,0.2mol)硝基苯,充分振摇。继续回流反应 1 小时。待反应完后[2],用 20ml 水冲洗回流冷凝管,洗液并入反应瓶,在振荡下加入碳酸钠使反应物呈碱性。进行水蒸气蒸馏,至馏出液不混浊为止。用食盐饱和馏出液[3],再移至分液漏斗中,分出有机相,水相用 60ml 乙醚分次提取,合并乙醚提取液和有机相,用粒状氢氧化钠[4]干燥。
将干燥后的混合液小心倾倒入干燥的烧瓶中,水浴蒸馏回收乙醚,剩余物改用空气冷凝管蒸馏,收集 182~184℃馏分。
纯苯胺为无色透明液体[5],沸点 184.13℃。
本实验需 6~8 小时。
【注意事项】
(1) 反应物中硝基苯、盐酸互不相溶,而两者与固体铁粉接触机会又少,因此,充分的振摇将有利于还原反应的顺利进行。
(2) 反应物变为黑色(生成 Fe_3O_4),冷凝管中不再有黄色油状物出现时,即表明反应基本完成。
(3) 在 20℃时,每 100ml 水可溶解苯胺 3.4g。为减少苯胺的损失,根据盐析原理,加入食盐使溶液饱和,则溶于水的苯胺就可成油状析出。
(4) 干燥剂不能选择氯化钙,因氯化钙能与苯胺形成分子化合物。
(5) 苯胺有毒,操作时应避免与皮肤接触。

【思考题】
(1) 具备什么条件的有机物才能用水蒸气蒸馏？
(2) 还原反应结束后的混合物是否直接可进行水蒸气蒸馏？为什么？

实验二十四　乙 酰 苯 胺

【目的要求】
(1) 了解通过胺的酰化制备酰胺的原理及方法。
(2) 进一步熟悉巩固重结晶的操作，掌握活性炭脱色的原理及操作方法。

【实验原理】
乙酰苯胺俗称退热冰，早期曾用作退热药，目前主要用作制药、染料及橡胶工业的原料。芳胺的酰化在有机合成中有着重要作用。作为一种保护措施，一、二级芳胺在合成中通常被转化为它们的乙酰基衍生物，以降低芳胺对氧化降解的敏感性，使其不被反应试剂破坏；同时，芳胺的氨基经酰化后，可降低其对芳环的活化作用，使其由很强的邻、对位类定位基变为中等强度的邻、对位类定位基，可使反应由多元取代变为有用的一元取代；同时由于乙酰基的空间效应，反应往往能选择性地生成对位取代产物。在某些情况下，酰化可以避免氨基与其他官能团或试剂（如 RCOCl、SO_2Cl、HNO_2 等）之间发生不必要的反应。在合成的最后步骤，氨基很容易通过酰胺在酸碱催化下的水解而游离。

芳胺的酰化可通过其与酰卤、酸酐或冰乙酸的反应进行。

【实验步骤】
方法一：
在 250ml 烧杯中，加 90ml 水，4.5ml 浓盐酸，然后在搅拌下加入 5g（约 5.1ml，0.055mol）苯胺和少量活性炭[1]，搅拌均匀，将溶液煮沸 5 分钟，停止加热[2]，趁热滤去活性炭等。滤液移至烧杯中，加 6ml（0.066mol）乙酸酐，再加入 50℃ 的含有 8g 乙酸钠的水溶液 25ml，混匀后，用冰浴冷却，析出晶体，减压抽滤，晶体用少量水洗涤，得粗产品。

粗产品用水进行重结晶，然后干燥，产品重约 5g。
乙酰苯胺为无色片状晶体，熔点 114.3℃。
本实验需 4～6 小时。

方法二：
将苯胺 6ml、冰乙酸 8ml 和锌粉 0.5g，加入 100ml 圆底烧瓶中，安装成分馏装置在电热套上小火微沸回流 1 小时[3]，然后分馏，分馏温度保持在 105℃ 左右[3]，以除去生成的水，分馏时间约 30 分钟，馏出液为稀乙酸。反应结束后，趁热将烧瓶中的混合物在搅拌下倒入盛有 100ml 冷水的烧杯中[4]，再用冰水浴冷却至结晶析出完全，抽滤，用少量水洗涤，得粗制乙酰苯胺结晶。

将粗制乙酰苯胺结晶置于适量热水中，在电热套中煮沸，待结晶完全溶解后离开热源[5]，稍微冷却后加入 0.2g 活性炭粉末[6]，重新搅拌煮沸 5～10 分钟，用布氏漏斗趁热抽滤（布氏漏斗和抽滤瓶要在热水浴中预热），迅速将滤液倒入洁净烧杯中自然冷却析晶，再冰水浴冷却，抽滤，滤得的结晶，用少量水洗涤一次，尽量抽干，然后烘干（温度控制在 60～80℃），得精制乙酰苯胺，称重、测熔点，并计算产率。

本实验需 6～7 小时。

附 微型实验操作步骤

在 10ml 圆底烧瓶中,放入 2 g(21mmol)苯胺,再加入 3ml(3.1g,51mmol)冰乙酸,安装微型分馏装置[见图 2-30(2)],加热分馏脱除生成的水,至无水分蒸出。

将反应物倒入等体积冰水中,搅拌使晶体析出。抽滤并用少量冷水洗涤,得粗产物,再用水(约 40ml 左右)进行重结晶,过滤,干燥,称重,产量约 0.4g。

【注意事项】

(1) 苯胺放置时间过长,颜色变深,含有杂质,会影响乙酰苯胺的质量。故最好用新蒸的无色或浅黄色的苯胺。

(2) 为了防止苯胺在加热时被氧化,蒸馏时要放少许锌粉。

(3) 小火回流的目的是使苯胺与冰乙酸作用,大部分生成乙酰苯胺和水,再分馏出水,促使反应完全。温度控制在 105℃ 左右,是防止冰乙酸过多过快地馏出,影响反应。

(4) 乙酰化作用完成后,反应混合物稍冷却就会固化结块,故应立即趁热搅拌下倾入冷水中,这样可使过量的乙酸溶于水中除去,若有少量未酰化的苯胺,也溶于水中而被除去。

(5) 乙酰苯胺在沸水可熔化成油状物,所以在精制时必须使油状物完全溶解。

(6) 脱色时,活性炭不能直接加入沸腾的溶液中,应该使溶液稍冷后再加入,否则将使沸腾的溶液溢出容器外。

【思考题】

(1) 本实验中采用了哪些措施来提高乙酰苯胺的产率?

(2) 根据理论计算,反应完成时应产生多少毫升水?为什么实验收集的液体要比理论量多?

(3) 常用的乙酰化试剂有哪些?哪一种较经济?哪一种反应最快?

(4) 应用苯胺为原料进行苯环上的某些取代反应时,为什么常先要进行乙酰化?

实验二十五 甲 基 橙

【目的要求】

(1) 掌握由重氮化、偶合反应制备甲基橙的原理和方法。

(2) 巩固重结晶的操作。

【实验原理】

甲基橙是一种指示剂,它是由对氨基苯磺酸重氮盐与 N,N-二甲基苯胺在弱酸性介质中偶合得到的。偶合首先得到红色的酸性甲基橙,称为酸性黄。在碱中酸性黄转变为橙黄色的钠盐,即甲基橙。

$$H_2N\text{-}C_6H_4\text{-}SO_3H + NaOH \longrightarrow H_2N\text{-}C_6H_4\text{-}SO_3Na + H_2O$$

$$H_2N\text{-}C_6H_4\text{-}SO_3Na \xrightarrow[0\sim5℃]{NaNO_2/HCl} HO_3S\text{-}C_6H_4\text{-}N_2^+Cl^-$$

$$HO_3S\text{-}C_6H_4\text{-}N_2^+Cl^- \xrightarrow[HAc]{C_6H_5N(CH_3)_2} [HO_3S\text{-}C_6H_4\text{-}N=N\text{-}C_6H_4\text{-}NH(CH_3)_2]^+ Ac^-$$

$$\xrightarrow{NaOH} NaO_3S\text{-}C_6H_4\text{-}N=N\text{-}C_6H_4\text{-}N(CH_3)_2$$

【实验步骤】

(1) 重氮盐的制备：在150ml烧杯中放入10ml 1%氢氧化钠和2.1g粉状对氨基苯磺酸晶体,温热使后者完全溶解[1],冷却至室温;另溶0.8g亚硝酸钠于6ml水中并加入上述烧杯中,在冰盐浴中冷却至5℃以下。在另一烧杯中放入3ml浓盐酸和10ml冰水,也放入冰盐浴中冷却至5℃以下。

将对氨基苯磺酸钠与亚硝酸钠的混合液在搅拌下慢慢倒入冰冷的盐酸溶液中,用刚果红试纸检验,始终保持反应液为酸性,并且控制反应温度在5℃以下。

将反应混合物在冰盐浴中放置15分钟,以保证反应全部完成[2]。用碘化钾淀粉试纸检验溶液中是否有过量的亚硝酸[3]。如果最后亚硝酸仍有过量,可加少量尿素将其分解。

(2) 偶合反应：将1.2g N,N-二甲基苯胺与1ml冰乙酸混合,搅拌下将此溶液加到上述重氮盐溶液中,加完后搅拌反应10分钟。然后缓慢加入25ml 5%氢氧化钠溶液直至反应液变为橙色[4]。将橙色溶液在沸水浴上加热5分钟,冷却至室温,再于冰水中冷却,使甲基橙晶体析出完全。抽滤,依次用水、乙醇、乙醚洗涤晶体,压干。

若想得到较纯的产品,可用1%氢氧化钠沸水液进行重结晶,抽滤,再用乙醇、乙醚洗涤[5],得叶片状甲基橙晶体,产量约2.5g。

本实验约需4~6小时。

附　微型实验操作步骤

(1) 对氨基苯磺酸的重氮化反应：在锥形瓶中加入0.3g对氨基苯磺酸和1.5ml 5%NaOH溶液,在热水浴中加热溶解,冷却至室温后,加入0.12g亚硝酸钠,溶解后置冰浴中冷却至5℃以下,并在搅拌下缓缓将该混合溶液滴加到盛有2ml水和0.4ml浓盐酸混合物的烧杯中,其间使温度保持在5℃以下,滴加完毕,继续在冰浴中放置5分钟,并不时搅拌。

(2) 偶联反应：将0.2ml N,N-二甲基苯胺和0.15ml冰乙酸组成的溶液滴加到上述重氮盐溶液中,并不时搅拌,滴加完毕继续搅拌10分钟,此时有红色沉淀产生。在搅拌下加入0.2ml 5%NaOH溶液,使反应物全部变为橙黄色,静置,冷却,抽滤沉淀,并用氯化钠饱和溶液洗涤。粗品可用1%氢氧化钠溶液重结晶,最后用少量的乙醇和乙醚洗涤产品。产量约1.2g。

【注意事项】

(1) 对氨基苯磺酸是两性化合物,但其酸性比碱性强,故能与碱作用而生成盐,这时溶液应呈碱性(用石蕊试纸检验),否则需补加1~2ml氢氧化钠溶液。

(2) 对氨基苯磺酸的重氮盐在此时往往析出,这是因为重氮盐在水中可电离,形成内盐,在低温下难溶于水而形成细小的晶体析出。

(3) 若碘化钾淀粉试纸变蓝,则表明亚硝酸过量,可加少量尿素分解。

(4) 若反应物中尚存 N,N-二甲基苯胺的乙酸盐,在加入氢氧化钠后,就有 N,N-二甲基苯胺析出,影响产物的纯度。甲基橙在空气中受光的照射,颜色很快变深,所以一般得到紫红色粗产物。

(5) 重结晶操作应迅速,否则由于产物在高温的碱性环境中颜色加深。用乙醇、乙醚洗涤的目的是使产品迅速干燥。

【思考题】

(1) 对氨基苯磺酸重氮化时,为什么要先加碱使它变成钠盐？为什么要用略微过量的碱液？

(2) 重氮盐中如果有过量的亚硝酸未经除去就进行偶合反应,对实验结果有何影响？

(3) 在本实验中,偶合反应是在什么介质中进行的？

实验二十六　对氨基苯磺酰胺

【目的要求】

(1) 了解制备对氨基苯磺酰胺(简称磺胺)的反应原理和操作步骤。

(2) 巩固脱色、重结晶等基本操作。

【实验原理】

$$CH_3CONH\text{-}C_6H_4\text{-}SO_2Cl + NH_3 \longrightarrow CH_3CONH\text{-}C_6H_4\text{-}SO_2NH_2$$

$$\xrightarrow{H^{\oplus}} H_2N\text{-}C_6H_4\text{-}SO_2NH_2$$

【实验步骤】

在125ml锥形瓶中,加入5g(0.013mol)对乙酰氨基苯磺酰氯,搅拌下缓慢加入浓氨水,此时产生白色黏稠状固体,继续加入,至固体稍有溶解时,停止滴加,约需15ml氨水。充分搅拌令其反应完全。然后加入10ml水,在石棉网上小心加热除去多余的氨,必要时可加少量盐酸中和氨。

往上述混合物中加5ml盐酸[1],10ml水,回流5分钟,如溶液颜色深,可用活性炭脱色。过滤,往滤液中先加固体碳酸氢钠[2],充分搅拌。接近中性时,加饱和碳酸氢钠溶液至溶液呈中性。此时有固体对氨基苯磺酰胺析出。静置,过滤,干燥。经热水重结晶得产品3~4g。

纯对氨基苯磺酰胺熔点为165~166℃。

本实验约需8小时。

附 微型实验操作步骤

(1) 对乙酰氨基苯磺酰氯的合成:在25ml锥形瓶中加入3g乙酰苯胺,加热熔化,除去表面吸附的水汽,同时旋摇锥形瓶,使其均匀沉积于瓶底和瓶壁。置锥形瓶于冰水浴中冷却,将9ml氯磺酸1次加入烧瓶中,并立即将装有导气管的橡皮塞塞上,然后旋摇烧瓶,如果反应过于剧烈,需要稍加冷却,反应缓慢时,将烧瓶置于水浴中加热10分钟(反复操作时注意倒吸)。撤去吸收装置,将烧瓶置于通风橱内的冰水浴中冷却。当充分冷却后,将反应液慢慢倒入40g冰和40g水的混合物中,并用冰水洗涤烧瓶,过滤收集固体产物,研碎并用冰水洗涤(因酰氯易与水反应,操作应迅速)。抽滤,得对乙酰氨基苯磺酰氯。

(2) 对乙酰氨基苯磺酰胺的合成:将上述粗对乙酰氨基苯磺酰氯放入小烧杯中,边搅拌、边慢慢滴加12ml浓氨水,产生白色糊状物。滴加完后,继续搅拌15分钟,再放入60℃的水浴中搅拌15分钟,室温放置冷却后,抽滤,用5ml冷水洗涤,抽干,得对乙酰氨基苯磺酰胺。

(3) 对氨基苯磺酰胺(磺胺)的合成:将所得到的对乙酰氨基苯磺酰胺、3ml浓盐酸和10ml水及沸石加入到30ml圆底烧瓶中,缓慢回流半小时,得黄色近透明的溶液,再加入5ml水及0.2g活性炭,煮沸,抽滤。滤液倒入烧杯中,在搅拌下加入粉状碳酸氢钠使溶液呈碱性。冰水浴冷却使沉淀完全,抽滤,用少量的冰水洗涤。粗产品可用乙醇重结晶。

【注意事项】

(1) 加盐酸水解乙酰基之前,溶液中氨的含量可能不同,5ml盐酸有时不够。因此,回流至固体完全消失后,应测量一下溶液的酸碱性。若不呈酸性,需补加盐酸继续回流一段时间。

(2) 中和反应中有大量二氧化碳气体放出,为防止产品外逸,产品可溶于过量的碱中,需仔细控制碳酸氢钠的用量。

【思考题】

(1) 氯磺酸有什么性质?使用氯磺酸应注意哪些问题?

(2) 磺胺具有什么样的化学性质?根据其性质在实验中应注意哪些问题?

实验二十七 安息香缩合反应

【目的要求】

(1) 了解用安息香缩合反应制备二苯乙醇酮的原理及方法。

(2) 进一步掌握重结晶的操作方法。

【实验原理】

苯甲醛在氰化钠(钾)催化下,于乙醇中加热回流,可发生两分子苯甲醛间缩合反应,生成二苯乙醇酮(也称安息香)。有机化学中将芳香醛进行的这一类反应都称为安息香缩合。该反应的机制类似于羟醛缩合反应,也是负碳离子对羰基的亲核加成反应。其反应式为:

$$2 \text{C}_6\text{H}_5\text{CHO} \xrightarrow[60\sim75℃]{\text{维生素 B}_1} \text{C}_6\text{H}_5\text{COCH(OH)C}_6\text{H}_5$$

由于氰化物有剧毒,使用不当会有危险,本实验改用维生素 B_1(thiamine)盐酸盐代替氰化物催化安息香缩合,反应条件温和,无毒,产率较高。

【实验步骤】

在 100ml 的锥形瓶中加入 1.8g 维生素 B_1(硫胺素)、6ml 蒸馏水和 15ml 95%乙醇,用塞子塞住瓶口,放在冰盐浴中冷却[1]。取一支试管加入 5ml 5%NaOH 溶液,也置冰浴中冷却。10 分钟后,用量筒量取 10ml(0.09mol)新蒸馏过的苯甲醛。将冷却充分的 NaOH 溶液加入冰浴中的锥形瓶中,并立即加入苯甲醛,充分摇动使反应物混合均匀。后在锥形瓶上装上回流冷凝管,加几粒沸石,置温水浴中加热[2],水浴温度控制在 60~75℃之间,勿使反应物剧烈沸腾。反应混合物呈橘黄或橘红色均相溶液。约 80~90 分钟后,撤去水浴,让反应混合物逐渐冷至室温,析出浅黄色晶体,再将锥形瓶置冰浴中冷却,使结晶完全。如果反应混合物中出现油层,应重新加热使其变成均相,再慢慢冷却结晶。必要时可用玻璃棒摩擦锥形瓶内壁,促使其结晶。

结晶完全后,用布氏漏斗过滤收集粗产物,用 50ml 冷水分两次洗涤晶体。粗产物可用 80%乙醇进行重结晶(如粗产物呈黄色,可加少量活性炭脱色)。产量约 4~5g。

纯安息香为白色针状晶体,熔点 134~136℃。

本实验需要 7~8 小时。

附 微型实验操作步骤

在一个 50ml 的锥形瓶中加入 0.9g 维生素 B_1,3ml 蒸馏水,待固体溶解后,再加入 8ml 95%的乙醇。塞上瓶塞,在冰盐浴中冷却。用一支试管取 3ml 2.5mol/L 氢氧化钠水溶液,也置于冰浴中冷却。10 分钟后,取 5ml 新蒸过的苯甲醛。将已冷却的氢氧化钠溶液逐滴加入上述冰浴中的锥形瓶中,使溶液的 pH 为 10~11,迅速加入苯甲醛,充分混匀,室温放置一天。有白色晶体析出,待结晶完全后,抽滤,收集粗产品。用 25ml 冷水分两次洗涤晶体。粗品可用 80%的乙醇重结晶。产量约 2~3g。

【注意事项】

(1) 维生素 B_1 在酸性条件下较稳定,但易吸水;在水溶液中维生素 B_1 易被空气氧化而失效,遇光或 Cu、Fe、Mn 等金属离子均可加速氧化;在 NaOH 溶液中,维生素 B_1 的嘧啶环易分解开环。因此维生素 B_1 溶液、NaOH 溶液在反应前必须用冰水充分冷却,否则维生素 B_1 会分解,这是本实验成败的关键。

(2) 反应过程中,溶液在开始时可不必沸腾,反应后期可适当升高温度至缓慢沸腾(约 80~90℃)。

【思考题】

(1) 本实验中,在加入苯甲醛之前为什么需在冰水浴中冷却?

(2) 本实验的反应原理与典型醇醛缩合反应有何不同?

3.3 高等有机合成实验

实验二十八 β-萘乙醚

β-萘乙醚是一种烷基芳醚,在许多肥皂中作为一种香料,还可作为肥皂中其他香气(如玫瑰香、薰衣草香等)的定香剂。由于玫瑰香等易挥发,时间长了则失去香气,而定香剂则能减慢香气消失的速度,因而,使产品在较长时间保持其香气。

【实验原理】

β-萘乙醚可由威廉逊合成法制得。β-萘酚是一个弱酸,和氢氧化钾反应形成 β-萘酚钾,然后 β-萘酚阴离子按 S_N2 机制与碘乙烷反应,生成 β-萘乙醚。

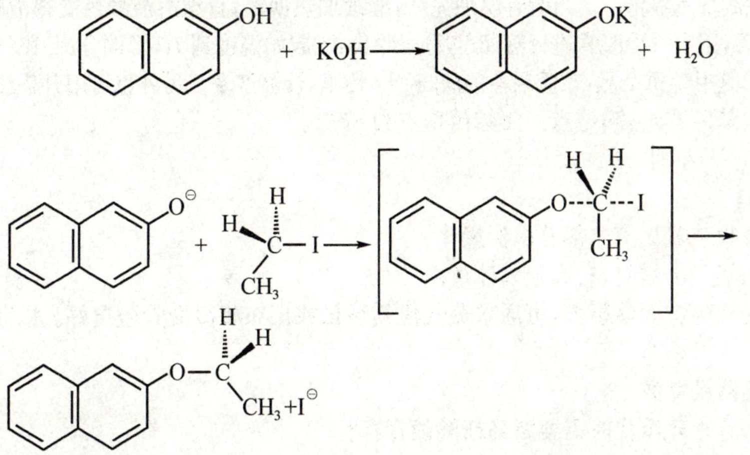

$$\text{naphthol-OH} + KOH \longrightarrow \text{naphthol-OK} + H_2O$$

$$\text{naphthol-O}^- + CH_3CH_2I \longrightarrow [\text{transition state}] \longrightarrow \text{naphthyl-O-CH(H)(CH_3)} + I^-$$

【实验步骤】

(1) β-萘乙醚的合成:在 100ml 圆底烧瓶中[1],将 4g 氢氧化钾溶于 50ml 无水甲醇中[2],然后将 5g β-萘酚溶于氢氧化钾的甲醇溶液中,并加入 3ml 碘乙烷,回流 1.5~2 小时。

反应结束后,将瓶内反应物倒入盛有 150ml 碎冰的烧杯中,同时充分搅拌,析出大量晶体。真空过滤结晶,并用水洗数次,洗至近中性。粗产品用甲醇重结晶,抽滤,得纯产品。空气中晾干,称重,计算产率。

(2) 鉴定:测定熔点。文献值熔点 37~38℃。

【注意事项】

(1) 本实验蒸馏操作所用仪器应干燥。

(2) 无水甲醇应预先制备,制备方法可参照无水乙醇的制备。

【思考题】

(1) 为什么 β-萘乙醚的制备是用 β-萘酚和碘乙烷反应,而不是用乙醇和碘苯反应?

(2) 为什么 β-萘酚钾的生成是用氢氧化钾的醇溶液,而不是用氢氧化钾的水溶液?

(3) 用什么醇和卤代烃反应来制备甲基叔丁基醚,为什么?写出反应原理。

实验二十九 对 二 溴 苯

【实验原理】

对二溴苯与现在所用衣物防蛀剂中的有效成分对二氯苯相似。它是由溴苯在溴化铁或铁的存在下与溴反应制得:

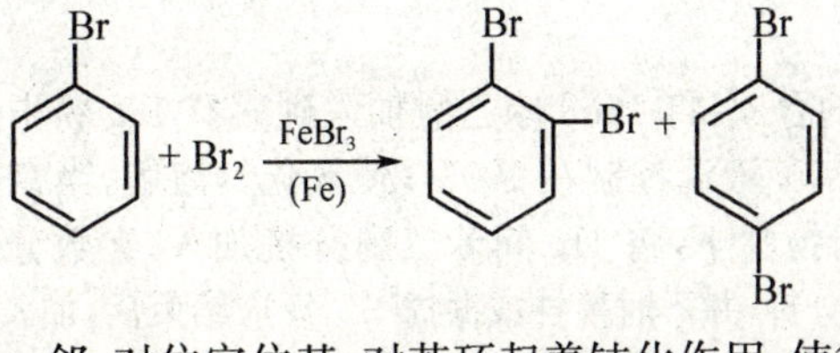

$$C_6H_5Br + Br_2 \xrightarrow[\text{(Fe)}]{FeBr_3} o\text{-}C_6H_4Br_2 + p\text{-}C_6H_4Br_2$$

由于溴原子在苯环上是一邻、对位定位基,对苯环起着钝化作用,使得溴苯比苯较难以发生芳环上的 S_E 反应;又因溴的范德瓦尔斯半径较大,而产生了位阻效应,因此有效地阻碍了苯环上第二个溴进入邻位位置,故主要产物为对位取代。

【实验步骤】

(1) 对二溴苯的合成：在盛有 2g 铁粉的 100ml 三颈烧瓶中，加入 20ml 溴苯，然后在中间口装上回流冷凝管，管口上装一气体吸收装置[1]。三颈烧瓶边口上装一 50ml 的滴液漏斗，漏斗内盛 5ml 的溴液，加热，此后逐滴加入溴液[2]。当所有溴加完后，继续加热回流，直至溶液颜色变得清晰透明（约需 1.5 小时）。回流完后，用空气冷凝管进行蒸馏[3]，分段收集：①起始温度到 175℃馏分；②175～220℃馏分。

将产物用二氯甲烷重结晶，布氏漏斗抽滤，晾干，称重，计算产率。另外也可用升华法纯化对二溴苯。

(2) 对二溴苯的鉴定：测熔点。文献值熔点为 87℃。

本实验需 6～8 小时。

【注意事项】

(1) 气体吸收装置见第二部分回流操作。

(2) 注意加到一半量时，有大量气体放出。

(3) 若冷凝管中有固体析出，可通水蒸气使其熔化或用布将冷凝管包裹好，以防热量分散。

【思考题】

(1) 什么是路易斯酸？

(2) 为什么芳香环溴代时需要路易斯酸的存在？

(3) 为什么溴是邻、对位定位基？

(4) 在溴与溴苯的反应中，为什么主要产物是对二溴苯，而间或邻二溴苯极少？

实验三十 2,4-二羟基苯乙酮的合成

【实验原理】

2,4-二羟基苯乙酮的合成是以间苯二酚为原料，在催化剂氯化锌的存在下与冰乙酸反应而得。此反应是一种改进的傅-克酰基化反应。正常的傅-克酰基化反应，一般是在路易斯酸催化剂无水三氯化铝的存在下，芳香环与酰氯或酸酐的反应，反应中有酰基正离子中间体的存在。

$$C_6H_6 + Cl-\overset{O}{\underset{}{C}}-R \xrightarrow{AlCl_3} C_6H_5-\overset{O}{\underset{}{C}}-R + HCl$$

但若芳环上有斥电子基存在时，则环上电子云密度增加使芳环高度活化，傅-克酰基化反应易于进行，不需无水氯化铝及酰氯或酸酐，在较温和的条件下也可反应。如在 2,4-二羟基苯乙酮的合成反应中，间苯二酚中芳环被环上的两个羟基所活化，使它可以在弱催化剂氯化锌存在下与冰乙酸进行反应。其反应原理仍属芳香族亲电反应。

$$HO-C_6H_4-OH + HO-\overset{O}{\underset{}{C}}-CH_3 \xrightarrow{ZnCl_2} HO-C_6H_3(OH)-\overset{O}{\underset{}{C}}-CH_3 + H_2O$$

【实验步骤】

(1) 2,4-二羟基苯乙酮的合成：将 16ml 冰乙酸加入到盛有 16g 粉末状无水或熔融过的氯化锌[1]的 100ml 三颈烧瓶[2]中，加热，使液温控制在 100℃，使氯化锌溶解，当氯化锌全部溶解后，此时，温度控制在 130～135℃。在不断搅拌下，将 11g 间苯二酚分批加入，在数分钟内加完。在沸点（约 145～150℃）继续将该溶液加热 25 分钟，并不时搅拌或振摇[3]。反应结束后，加入 25ml 水，然后，在搅拌下慢慢加入 25ml 浓盐酸，溶液用冰浴冷至 10℃，如果出现红色黏稠物，可再加 25ml 6mol/L 盐酸，并冷至 10℃。

将混合物抽滤，用 50ml 冷的 6mol/L 盐酸洗涤晶体。将此晶体放入 250ml 烧杯中，用 200ml 10% 盐酸重结晶，除去焦油状杂质。所得晶体再用 5℃ 的冰水洗涤 3 次，每次 25ml。最后将红

棕色产物置于表面皿上,在 85~100℃下干燥。

(2) 2,4-二羟基苯乙酮的鉴定:测定 2,4-二羟基苯乙酮的熔点。文献值熔点为 142~144℃。
本实验需 6~7 小时。

【注意事项】

(1) 将含水的氯化锌晶体放在坩埚中加热熔融,处理过的氯化锌极易吸潮,使用之前不能久置空气中。

(2) 三颈烧瓶可用 100ml 烧杯代替。

(3) 注意温度不能低于 140℃,又不能高于 155℃。

【思考题】

(1) 为什么 2,4-二羟基苯乙酮可以在比正常的傅-克反应较温和的条件下合成?

(2) 对下面化合物设计一合成路线。

$$CH_3-\bigcirc-CO-CH_3$$

实验三十一　N,N-二乙基间甲苯甲酰胺的合成

【实验原理】

N,N-二乙基间甲苯甲酰胺为常用的一种昆虫驱避剂。它主要以间甲苯甲酸、氯化亚砜及二乙胺为原料制得。

间甲苯甲酸 + SOCl₂ → 间甲苯甲酰氯 + SO₂ + HCl

间甲苯甲酰氯 + HN(CH₂CH₃)₂ → N,N-二乙基间甲苯甲酰胺 + H₂N(CH₂CH₃)₂Cl⁻

【实验试剂】

5.6g 间甲苯甲酸,9.0ml 氯化亚砜,240ml 无水乙醚,14ml 二乙胺(密度为 0.71g/ml),70ml 10% NaOH,30ml 10% HCl,5g 无水 Na_2SO_4,30g 60~200 目活性 Al_2O_3,200ml 石油醚,二氯甲烷。

【实验步骤】

(1) 间甲苯甲酰氯的合成:在盛有 5.6g 间甲苯甲酸的 250ml 三颈瓶中加入 6.2ml 氯化亚砜及几颗沸石。按图 3-2 所示装好回流装置[1],慢慢加热,直至不再放出氯化氢气体为止(约 20~30 分钟)。

(2) N,N-二乙基间甲苯甲酰胺的合成:反应停止后,冷却。在分液漏斗中加入 70ml 无水乙醚,并立即加入到反应瓶中,关好分液漏斗活塞,在漏斗中加入 13.7ml 二乙胺及 27.3ml 无水乙醚,并装上氯化钙干燥管,将二乙胺的醚溶液逐滴加入到反应瓶中,滴加速度应控制在反应中所生成的大量白烟不升到三颈瓶的颈部而堵塞分液漏斗为宜[2]。二乙胺溶液加完后,将反应混合液转移到 250ml 分液漏斗中,反应瓶用 30ml 5%氢氧化钠溶液洗涤,并将此洗涤液加入分液漏斗中。振摇分液漏斗,用乙醚萃取水层[3],除去水层,醚层再用 30ml 10%盐酸洗,最后用 30ml 水洗。用无水硫酸钠干燥。在水浴上回收乙醚,得粗产品。

(3) N,N-二乙基间甲苯甲酰胺的纯化:粗产品 N,N-二乙基间甲苯甲酰胺以用 30ml 氧化铝在石油醚中填装的柱层析进行纯化。将粗产品溶于石油醚中,并置于柱上。用石油醚淋洗,N,N-二

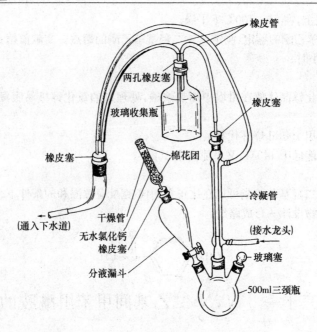

图 3-2 合成 N,N-二乙基间甲苯甲酰胺的装置

乙基间甲苯甲酰胺是被淋洗下来的第一个化合物。将其石油醚液在水浴上加热回收石油醚,得到透明的棕黄色油状产物。将此产物盛于贴有标签的瓶中,计算产率。

(4) N,N-二乙基间甲苯甲酰胺的鉴定:用微量法测沸点,沸点文献值为 163℃。

【注意事项】

(1) 为除去反应中产生的大量氯化氢气体,须用橡皮管把冷凝管上端的出口接到下水口处。

(2) 如烟雾太多,应使其降下以后再继续加二乙胺溶液,千万不要让反应变得剧烈。必要时可以冷却反应瓶。

(3) 如不分层,再加 50ml 乙醚萃取分液漏斗中的组分。

【思考题】

(1) 为什么二乙胺的碱性比 N,N-二乙基间甲苯甲酰胺强?

(2) 试设计从 3-乙氧基苯甲酸合成 N,N-二乙基-3-乙氧基苯甲酰胺的合成路线。

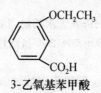

3-乙氧基苯甲酸

3.4 高分子基础实验

实验三十二 有机玻璃

有机玻璃是指甲基丙烯酸甲酯通过本体聚合方法制备的板材、棒材、管材及其制品。聚甲基丙烯酸甲酯由于其结构中具有庞大的侧基,不易结晶,为无定形固体。它的最突出的性能是具有很高的透明度,透光率可达 92%。另外,它的密度小,耐冲击强度高,低温性能优异,因此是光学仪器制

造工业和航空工业的重要原材料。有机玻璃在光学方面还有一个奇特的性能,即表面光滑的棒材或板材在一定的弯曲限度内,能将从一端射入的光线全部在树脂内部向前传导,最后从另一端射出,就像水从管子中流过一样。但当其表面的某部分被磨毛时,光线可从这一部分逸出而显示光亮。利用有机玻璃的这种性能,可用它制作外科手术用具、发光标志等。有机玻璃的电学性能优良,遇电弧火花时不会碳化,因此,电子、电气工业中常用来作为绝缘材料。有机玻璃又由于其着色后色彩五光十色,鲜艳夺目,故被广泛用作装饰材料和日用品。

有机玻璃的最大缺点是表面硬度低、耐热性、耐磨性较差。这些缺点通常通过与其他单体共聚或与其他聚合物共混来克服。

【目的要求】
(1) 了解本体聚合的基本原理和特点。
(2) 熟悉和掌握有机玻璃的制备方法。

【实验原理】
甲基丙烯酸甲酯的本体聚合是在引发剂引发下,按自由基聚合反应的机理进行的,引发剂通常为偶氮二异丁腈或过氧化二苯甲酰。其反应通式可表示如下:

$$n\text{CH}_2=\underset{\text{COOCH}_3}{\overset{\text{CH}_3}{\text{C}}}\xrightarrow{\text{AIBN}} \underset{\text{COOCH}_3}{\overset{\text{CH}_3}{(\text{CH}_2-\text{C})_n}}$$

在本体聚合反应开始前,通常有一段诱导期,聚合速率为零。在这段时间内,体系无黏度变化。然后聚合反应开始,单体转化率逐步提高。当转化率达到20%左右时,聚合速率显著加快,称为自动加速现象。此时若控制不当,体系将发生暴聚而使产品性能变坏。转化率达到80%之后,聚合速率显著减低,最后几乎停止反应,需要升高温度来促使聚合反应的完全进行。

甲基丙烯酸甲酯聚合过程中出现的自动加速现象主要是由于聚合热排除困难,体系局部过热造成的。聚合过程中聚合热的排除问题是本体聚合中最大的工艺问题。为了解决这一问题。甲基丙烯酸甲酯本体聚合在工艺上采取两段法。即先在聚合釜中进行预聚,使转化率达到约15%。在此过程中,一部分聚合热已先行排除,为以后灌模聚合的顺利进行打下基础。预聚还有一个目的是减少由于聚合过程的体积收缩。甲基丙烯酸甲酯的聚合是一个体积缩小的过程,体积收缩率达21%。结果容易造成制品的变形。预聚则可使一部分体积收缩在聚合釜中完成,因此可减少制品的变形。预聚结束后,将预聚体灌模,继续进行聚合,最后得到所需的制品。

【仪器与药品】
(1) 仪器:单颈圆底烧瓶(100ml/24mm)一只,温度计(100℃)一支,恒温水浴槽一只,电炉(1500W)一只,电动搅拌器一套,滴管一支,平板玻璃(80mm×100mm×3mm)四块,橡皮片(80mm×100mm×3mm)两块,试管(10mm×150mm)两只,橡皮塞(0号)两只,铁夹子8只,透明胶带一卷,橡皮膏若干,硅胶干燥器一只。
(2) 药品:甲基丙烯酸甲酯5g(新蒸馏),偶氮二异丁腈0.03g(化学纯),聚乙烯醇糊若干(12%),硬脂酸0.3g(化学纯)。

【实验步骤】
(1) 预聚体制备:准确称取0.03g偶氮二异丁腈和50g甲基丙烯酸甲酯,投入圆底烧瓶中,摇晃使其完全溶解。装上搅拌器并开动搅拌器搅拌。水浴加热,升温至80℃左右,保温反应。观察聚合体系的黏度变化。若预聚物变成黏性薄浆状(比甘油略黏一些),加入0.3g硬脂酸,搅拌使其溶解。撤去热源[1],反应瓶迅速用冷水冲淋冷却。

(2) 有机玻璃板材的制备:仔细洗净玻璃片,置于120℃烘箱中干燥0.5小时,取出后放入硅胶干燥器中冷却[2]。按玻璃片大小将橡皮片剪成口形,左上角断开。用透明胶带将橡皮条缠绕两层,涂上聚乙烯醇糊,置于两片玻璃片之间使其黏合起来。然后用橡皮膏将模具四周黏封两层,左上角留出供灌浆用。用滴管将预聚物慢慢灌入模具中。灌满后检查有无气泡,若有气泡,可将模具口部朝上放置片刻,并用手指弹磕模具外壁促使气泡逸出[3]。然后用橡皮膏将模口密封,四周用铁夹子夹住。

将已灌浆的模具置于60℃恒温水浴中[4],保持3小时。然后升温至95℃,保持2小时。取出模具,撤去玻璃夹板,得一透明光滑的有机玻璃板。

(3) 有机玻璃棒材的制备:仔细洗净试管,置于120℃烘箱中干燥0.5小时,取出后放入硅胶干燥器中冷却。将预聚物灌入试管中,待气泡全部逸出后,塞上橡皮塞。然后用橡皮膏将橡皮塞与试管十字黏封,再绕试管横向包缠两层,确保密封。将已灌浆的试管置于50℃恒温水浴中,保持2小时。然后升温至70℃,保持2小时。最后升温至95℃,保持2小时。取出试管,冷却后将试管砸碎,得一透明光滑的有机玻璃棒。

【注意事项】
(1) 单体预聚合时间不可过长。反应物稍变黏稠即可停止反应,并迅速用冷水淋洗冷却。
(2) 用作模具的玻璃片和试管要尽可能洗得干净,并彻底烘干。否则聚合中易产生气泡。
(3) 向模具灌浆时,应尽量灌满,不留空隙。
(4) 聚合时,模具要全部浸入水浴中。注意不要将模具靠在加热管上,以防局部过热。

【思考题】
(1) 叙述本体聚合的特点。
(2) 单体预聚合的目的是什么?
(3) 为什么制备有机玻璃棒材时升温速度要比制备板材时慢?
(4) 硬脂酸在有机玻璃制备中起什么作用?

实验三十三　乙酸乙烯酯溶液聚合及其醇解

将单体、引发剂溶于适当溶剂中进行聚合的方法称为溶液聚合。与本体聚合相比,溶液聚合的主要优点是聚合体系黏度较低,聚合热可通过溶剂迅速导出,甚至可在溶剂沸腾回流的温度下通过溶剂的汽化将聚合热导出,反应温度容易控制。但是,溶液聚合也有其不可避免的缺点,如由于溶剂的引入造成单体浓度降低,聚合速率较慢;大分子自由基容易向溶剂发生转移,使聚合物相对分子质量较低,相对分子质量分布较宽;后处理比较麻烦。

目前,溶液聚合广泛应用于直接使用高分子溶液的工业领域,如涂料、黏合剂、合成纤维、功能高分子等。需要进一步进行化学反应的高分子也常常通过溶液聚合来制备,如通过溶液聚合制备聚乙酸乙烯酯溶液,然后进一步醇解制得聚乙烯醇。

【目的要求】
(1) 了解溶液聚合的基本原理。
(2) 掌握溶液聚合的实验技术。
(3) 加深对高分子化学反应的理解。

【实验原理】
聚乙酸乙烯酯是由乙酸乙烯酯在引发剂引发下聚合制得的。根据使用目的的不同,聚合方法可采用溶液聚合或乳液聚合等。乙酸乙烯酯的溶液聚合一般采用甲醇为溶剂(实验室中因从安全考虑,采用乙醇作溶剂,但转化率和相对分子质量均较低),偶氮二异丁腈或过氧化二苯甲酰为引发剂,经自由基聚合而成。其聚合反应式如下:

$$n\text{CH}_2=\text{CH}-\text{OCCH}_3 \xrightarrow{\text{AIBN}} -(\text{CH}_2-\text{CH})_n-$$
$$\overset{\displaystyle\|}{\text{O}} \qquad\qquad\qquad\qquad |$$
$$\qquad\qquad\qquad\qquad\qquad\qquad \text{OCOCH}_3$$

乙酸乙烯酯的自由基活性较高,聚合过程中容易向聚合物发生转移,因此产物一般都带有支链,相对分子质量为 $10^3 \sim 10^4$。聚乙酸乙烯酯是无色透明、软化点很低的无定型树脂,玻璃化转变温度约28℃。易溶于醇、酮、酯、芳香烃、卤代烃等溶剂。

聚乙酸乙烯酯本身可用作黏合剂、涂料等。它的另一重要用途是进一步反应制备聚乙烯醇。由于单体的乙烯醇不存在,聚乙烯醇不可能通过直接聚合获得,只能从它的酯类(如聚乙酸乙烯酯)通过醇解得到。聚乙酸乙烯酯的醇解可在酸性或碱性介质中进行,常用的溶剂为甲醇或乙醇。

醇解:

$$\sim\sim\mathrm{CH_2-CH-CH_2-CH}\sim\sim \xrightarrow[\mathrm{OH^- (H^+)}]{\mathrm{CH_3OH}} \sim\sim\mathrm{CH_2-CH-CH_2-CH}\sim\sim$$
$$\quad\quad\quad|\quad\quad\quad|\quad\quad\quad\quad\quad\quad\quad\quad\quad\quad\quad|\quad\quad\quad|$$
$$\quad\quad\mathrm{OCOCH_3}\quad\mathrm{OCOCH_3}\quad\quad\quad\quad\quad\quad\quad\quad\mathrm{OH}\quad\quad\mathrm{OH}$$

酸性醇解时,由于痕迹量的酸极难从产品聚乙烯醇中除去,残留在产物中的酸可能加速聚乙烯醇的脱水作用,使产物变黄,并且不溶于水。故目前工业生产上都采用碱性醇解法。在醇解过程中,除了乙酰氧基的醇解外,还会发生支链的断裂。通常,聚乙酸乙烯酯的支化度越高,醇解后相对分子质量降低越多。

根据聚乙酸乙烯酯中乙酰氧基的醇解程度不同,所得的聚乙烯醇性能有很大的不同。醇解度较低的聚乙烯醇能溶于冷水,而醇解度较高的聚乙烯醇只能溶于热水。目前国内主要生产醇解度为99%和88%两种规格的聚乙烯醇,前者牌号为1799,后者为1788(17是指聚合度为1700)。

聚乙烯醇为白色粉末或絮状物,是制造合成纤维"维尼纶"和建筑涂料、建筑黏合剂的重要原料。

【仪器与药品】

(1) 仪器:标准磨口三颈瓶(250ml/24mm×3)一只,(500ml/24mm×3)一只,球形冷凝管(300mm)一支,温度计(100℃)一支,量筒(10ml)一只,烧杯(50ml)一只,(100ml)一只,(200ml)一只,分液漏斗(125ml)一只,布氏漏斗(100mm)一只,培养皿(100mm)一只,真空装置(含真空泵、缓冲瓶、硅胶干燥塔)一套,电动搅拌器一套,恒温水浴槽一台,封闭电炉(1500W)一只。

(2) 药品:乙酸乙烯酯 50g,化学纯;偶氮二异丁腈 0.3g,化学纯;无水乙醇 20ml,化学纯;95%乙醇 250ml,化学纯;氢氧化钾-乙醇溶液 330ml,6%。

【实验步骤】

(1) 乙酸乙烯酯溶液聚合:在装有搅拌器、冷凝器和温度计的 250ml 三颈瓶中,加入 50g 乙酸乙烯酯[1]和 10ml 无水乙醇。偶氮二异丁腈 0.3g 用 5ml 无水乙醇溶解后加入。容器用 5ml 无水乙醇洗涤,洗涤液一并加入。开动搅拌器,加热水浴至 70℃,使溶剂回流。反应 3 小时,得透明的黏状物(反应后期若黏度太大不易搅拌,可加入少量无水乙醇)。加入 95% 乙醇 140g,在 70℃ 下搅拌 0.5 小时左右,配成 26% 的溶液。待用。

(2) 聚乙烯醇制备:在装有搅拌器、冷凝器和分液漏斗的 500ml 三颈瓶中加入 330ml 氢氧化钾-乙醇溶液[2],在分液漏斗中加入 26% 的聚乙酸乙烯酯溶液 80ml。室温下将聚乙酸乙烯酯溶液滴加入三颈瓶[3]。滴加速度不宜过快,控制在 40~45 分钟滴完。然后继续搅拌 2 小时。用布氏漏斗过滤,产物为白色或浅黄色絮状固体。用 60ml 95% 乙醇分四次淋洗,然后抽干,滤饼置于培养皿中,送入 60℃ 真空烘箱中干燥至恒重,计算产率。

【注意事项】

(1) 乙酸乙烯酯的蒸气对人体黏膜和眼睛有刺激作用,因此,聚合反应最好在通风橱里进行。

(2) 氢氧化钾-乙醇溶液的质量对产物的色质影响很大。每次使用应新配,并用砂芯漏斗过滤。

(3) 滴加聚乙酸乙烯酯溶液速度不宜过快,否则容易凝聚结块。

【思考题】

(1) 若希望得到支链较少的聚乙酸乙烯酯,应怎样控制聚合条件?

(2) 在制备聚乙烯醇时发现,滴加聚乙酸乙烯酯溶液时的温度越高,所得的聚乙烯醇颜色越黄,估计其中发生的化学反应。

实验三十四 苯乙烯悬浮聚合

悬浮聚合是制备高分子合成树脂的重要方法之一。它是在较强烈的机械搅拌力作用下,并在分散剂的帮助下,将溶有引发剂的单体分散在与单体不相溶的介质中(通常为水)所进行的聚合。因此,悬浮聚合体系一般由单体、引发剂、水、分散剂四个基本组分组成。

悬浮聚合实际上是单体小液滴内的本体聚合,聚合机制和本体聚合相似。它的优点是:①体系黏度低,聚合热容易排除,聚合温度容易控制。②产品相对分子质量较高,与本体聚合相同。③产品易分离清洗,后处理简单。其缺点是产品中含有少量分散剂残留物,影响纯度。比较悬浮聚合的优缺点可知,这是一种极有实用价值的高分子合成工艺。

【目的要求】
(1) 了解悬浮聚合的反应原理及配方中各组分的作用。
(2) 了解是悬浮聚合的工艺特点,掌握悬浮聚合的操作方法。

【实验原理】
苯乙烯是一种比较活泼的单体,容易进行聚合反应。在引发剂或热的引发下,可通过自由基型连锁反应生成聚合物。因此,在储存过程中,常需加入阻聚剂以防止自聚。苯乙烯的自由基不太活泼,因此,聚合过程中副反应较少,不易发生链转移反应,支链较少。而且在聚合过程中凝胶化现象不十分显著。在本体聚合或悬浮聚合中,仅当转化率达 50%~70% 时,略有自动加速现象发生。所以,一般来说,苯乙烯的聚合速率比较缓慢。苯乙烯的聚合反应式如下:

$$n\text{CH}_2=\text{CH}-\text{C}_6\text{H}_5 \xrightarrow{\text{AIBN}} \text{{-}CH_2-CH(C_6H_5){-}}_n$$

苯乙烯在水中的溶解度很小。将其倒入水中,体系将分成两层。进行搅拌时,在剪切力作用下,单体层分散成液滴。单体和水两种液体之间存在一定的界面张力,而界面张力使液滴保持球形。界面张力越大,保持成球形的能力就越大,形成的液滴也越大。搅拌剪切力和界面张力对液滴成球能力的作用影响方向相反,构成动态平衡,使液滴达到一定的大小和分布。这种由剪切力和界面张力形成的液滴在热力学上是不稳定的。当搅拌停止后,液滴将凝聚变大。当反应进行到一定的程度,单体液滴中溶有的聚合物使得液滴表面发黏。这时候,如果两个液滴碰撞,往往容易黏结在一起。在这种情况下,搅拌反而促进黏结。为了避免这种情况发生,必须在聚合体系中加入一定量的分散剂。因此,在悬浮聚合过程中,搅拌和分散剂是两个不可缺少的工艺条件。

用于悬浮聚合的分散剂可分为两大类。一类是水溶性高分子物质,另一类分散剂是不溶于水的无机粉末。目前最常用的高分子分散剂有聚乙烯醇和马来酸酐-苯乙烯共聚物,无机分散剂有碳酸镁等。分散剂种类的选择和用量的确定需随聚合要求而定。其用量一般为单体量的 0.1% 左右。

【仪器与药品】
(1) 仪器:标准磨口三颈瓶(500ml/24mm×3)一只,球形冷凝器(300mm)一支,温度计(100℃)一支,分液漏斗(125ml)一只,布氏漏斗(80mm)一只,真空装置(含真空泵、缓冲瓶、硅胶干燥塔)一套,烧杯(100ml)两只,恒温水浴槽一台,电动搅拌器一套。
(2) 药品:苯乙烯 45g,化学纯;氢氧化钠溶液 100ml,10%;聚乙烯醇 0.06g,工业级;过氧化二苯甲酰 0.5g,化学纯。

【实验步骤】
将苯乙烯 45g 置于分液漏斗中,加入 10% 氢氧化钠溶液 20ml,剧烈摇荡。然后静止片刻,待液体分层后,弃去下层红色洗液。重复加入氢氧化钠溶液洗涤数次,直至洗液不再显现红色为止。再用去离子水洗涤至中性。

在烧杯中加入洗涤过的苯乙烯 40g 和引发剂过氧化二苯甲酰 0.5g,手工搅拌至溶解。在另一烧杯中加入聚乙烯醇 0.06g,去离子水 200ml,手工搅拌至溶解。若溶解太慢,可加热至沸腾,促使其溶解。

在装有搅拌器、温度计和回流冷凝器的 500ml 三颈瓶中，加入 200ml 聚乙烯醇溶液。开动搅拌器[1]，同时升温。待温度上升至 80℃时，加入已溶有引发剂的苯乙烯单体。仔细调节搅拌速度，使单体分散成适当大小的液滴。然后升温至 90℃，保温 3 小时[2]。取出几颗粒状物，观察其冷却后是否呈坚硬状。若冷却后坚硬，将温度提高至 95℃，保温 1 小时，反应结束。

将反应物倒入烧杯中，用去离子水洗涤 3 次后过滤。珠状聚合物置于表面皿中，在 50℃鼓风烘箱中干燥至恒重[3]，计算产率。

【注意事项】
(1) 开始时，搅拌速度不宜太快，避免颗粒分散得太细。
(2) 保温反应至 2 小时左右时，由于此时颗粒表面黏度较大，极易发生黏结。故此时必须十分仔细调节搅拌速度，千万不能使搅拌停止。否则颗粒将黏结成块。
(3) 聚合物的干燥温度不可超过 60℃。否则颗粒表面将熔融而黏结。

【思考题】
(1) 当两种互不相溶的液体混合并搅拌，液体的什么性质促使其形成球形颗粒？
(2) 悬浮聚合所用的分散剂有哪两大类？各自的作用原理如何？
(3) 根据实验体会，指出在悬浮聚合中应特别注意哪些问题，应采取什么措施。

实验三十五　苯乙烯丙烯酸酯共聚乳液

乳液聚合是连锁聚合反应的又一实施方法，具有十分重要的工业价值。乳液聚合是指单体在水介质中，由乳化剂分散成乳液状态进行的聚合。乳液聚合最简单的配方是由单体、水、水溶性引发剂和乳化剂四部分所组成的。工业上的实际配方可能要复杂得多。

乳液聚合与悬浮聚合不同。首先，乳液聚合产物的颗粒粒径约为 $0.05 \sim 1\mu m$，比悬浮聚合产物的粒径($50 \sim 200 \mu m$)要小得多。其次，乳液聚合所用的引发剂是水溶性的，而悬浮聚合的引发剂是油溶性的。第三，在本体、溶液、悬浮聚合中，使聚合速率提高的因素，都将使产物的相对分子质量降低。而在乳液聚合中，聚合速率和相对分子质量可同时提高。

乳液聚合有许多优点，如聚合热容易排除；聚合速率快，同时可获得较高的相对分子质量；在直接使用乳液的场合，可避免重新溶解、配料等工艺操作等。乳液聚合的缺点是产品纯度较低；在需要获得固体产品时，存在凝聚、洗涤、干燥等复杂的后处理问题等。比较其优缺点可发现，乳液聚合不失为一种制备合成高分子的较好的工艺方法。

乳液聚合在工业上有十分广泛的应用。合成橡胶中产量最大的丁苯橡胶和丁腈橡胶就是采用乳液聚合法生产的。此外，聚氯乙烯糊状树脂、丙烯酸酯乳液等也都是乳液聚合的产品。

在丙烯酸酯乳液中，苯丙乳液是较重要的品种之一。苯丙乳液是由苯乙烯和丙烯酸酯（通常为丙烯酸丁酯）通过乳液聚合法共聚而成，具有成膜性能好、耐老化、耐酸碱、耐水、价格低廉等特点，是建筑涂料、黏合剂、造纸助剂、皮革助剂、织物处理剂等产品的重要原料。

【目的要求】
(1) 了解乳液聚合的工艺特点，加深对乳液聚合的认识。
(2) 掌握乳液聚合的操作方法。

【实验原理】
苯丙乳液通常由苯乙烯和丙烯酸丁酯共聚而成。丙烯酸丁酯的聚合物具有良好的成膜性和耐老化性，但其玻璃化转化温度仅 $-58℃$，不能单独用作涂料的基料。将丙烯酸丁酯与苯乙烯共聚后，涂层表面硬度大大增加，生产成本也有所下降。为了提高乳液的稳定性，共聚单体中通常还加入少量丙烯酸。丙烯酸是一种水溶性单体，参加共聚后主要存在于乳胶颗粒表面，羧基指向水相，因此颗粒表面呈负电性。同性电荷的作用使得颗粒不容易凝聚结块。此外，适当比例的丙烯酸有利于提高涂料的附着力。

苯丙乳液制备一般采用过硫酸铵或过硫酸钾作为引发剂,十二烷基硫酸钠作为乳化剂。十二烷基硫酸钠是一种阴离子型乳化剂,具有优良的乳化效果。用十二烷基硫酸钠作乳化剂制备的乳液机械稳定性较好,但化学稳定性不够理想,与盐类化合物作用易发生破乳凝聚作用。为了改善乳液的化学稳定性,可加入非离子性乳化剂,组成复合型乳化体系。常用的非离子型乳化剂有壬基酚聚氧乙烯醚(如 OP-10)等。

【仪器与药品】

(1) 仪器:标准磨口四颈瓶(250ml×24mm×4)一只,球形冷凝管(300mm)一支,Y 形连接管(24mm×3mm)一只,温度计(100℃)一支,分液漏斗(125ml)一只,滴液漏斗(125ml,50ml)各一只,烧杯(100ml)两只、(250ml)一只,量筒(100ml)一只,布氏漏斗(80mm)一只,广口试剂瓶(250ml)一只,平板玻璃(100mm×100mm×3mm)一块,电动搅拌器一套,恒温水浴槽一只。

(2) 药品:苯乙烯 60g,化学纯;丙烯酸丁酯 49g,化学纯;丙烯酸 2g[1],化学纯;过硫酸铵 0.5g,化学纯;十二烷基硫酸钠 0.5g,化学纯;OP-10 乳化剂 2g,工业级;氢氧化钠溶液 100ml,10%;无水硫酸钠 15g,化学纯。

【实验步骤】

将苯乙烯 60g 置于分液漏斗中,加入 30ml 氢氧化钠溶液洗涤。静置片刻后,弃去下层红色洗液。再用同样方法洗涤至洗液不显红色为止,然后用去离子水洗涤至中性。加入无水硫酸钠 15g,静置 0.5 小时,用布氏漏斗过滤。

称取 0.5g 十二烷基硫酸钠置于 100ml 烧杯中,加 50ml 去离子水,略加热并手工搅拌使溶解。然后加入 2gOP-10 乳化剂,混合均匀,得组分 1。称取 0.5g 过硫酸铵置于 100ml 烧杯中,加水 20ml,摇晃使溶解,得组分 2。在 250ml 烧杯中称入苯乙烯 49g,丙烯酸丁酯 49g,丙烯酸 2g,混合均匀,得组分 3。

在装有搅拌器、冷凝器、温度计和滴液漏斗的四颈瓶中,加入去离子水 40ml 和全部组分 1,搅拌并升温[2]。当温度达到 80℃时,保温[3]。加入约 30%的组分 3,体系逐渐呈乳白色。15~30 分钟后,液面边缘呈淡蓝色[4],同时液面上的泡沫消失,表明聚合反应已开始。保持 15 分钟,同时开始滴加组分 2 和组分 3,二者滴加速度为 1∶5,使组分 3 略先于组分 2 加完,控制在 2 小时左右滴加完。

保温 1 小时,撤去热源。搅拌下自然冷却至室温,装入广口试剂瓶中。取少量所得之乳液涂于洁净的平板玻璃上,室温下自然放置 2 小时,观察其干燥情况,正常情况下应得一表面坚硬的透明涂层。

【注意事项】

(1) 所用的丙烯酸若已有絮状沉淀出现,应先经过滤才能使用。

(2) 乳液聚合对水质要求较高。若聚合不能正常进行,或产物稳定性不好,应检查水质是否符合要求。

(3) 聚合反应开始后,有一自动升温过程。应严格控制聚合温度不得高于 85℃,否则,乳化剂的乳化效率将降低。

(4) 聚合过程中液面边缘若无淡蓝色出现,产物的稳定性将会不好。若遇此种情况,实验应重新进行。

【思考题】

(1) 根据乳液聚合条件不同,所得的乳液有时泛淡蓝色,有时泛淡绿色,有时甚至泛珍珠色光,通过这些现象,可对乳液的质量做出什么结论?

(2) 讨论乳液聚合的工艺特点,指出其优缺点,并与悬浮聚合比较之。

实验三十六 脲醛树脂与泡沫塑料

【目的要求】

(1) 学习高分子化合物的合成,了解脲醛树脂的制备原理。

(2) 学习并掌握电动搅拌器的正确使用。

【实验原理】

脲醛树脂是氨基树脂中的一种,由甲醛和尿素在一定条件下聚合而成。其聚合类型属于逐步聚合,反应的第一步是尿素的氨基与甲醛的羰基发生亲核加成,生成羟甲基脲和二羟甲基脲的混合物:

$$H_2N-C(=O)-NH_2 + H-C(=O)-H \longrightarrow HOCH_2NH-C(=O)-NH_2 \text{ 或 } HOCH_2NH-C(=O)-NHCH_2OH$$

第二步是脱水缩合反应,可以发生在亚氨基与羟甲基之间,也可以发生在两个羟甲基之间:

$$HOCH_2NH-C(=O)-NH_2 + HOCH_2NH-C(=O)-NHCH_2OH \longrightarrow HOCH_2N(-CH_2-NH)-C(=O)-NH_2 \cdots C(=O)-NHCH_2OH$$

$$HN(CH_2OH)-C(=O)-NH_2 + HOCH_2NH-C(=O)-NHCH_2OH \longrightarrow HN(-CH_2-OCH_2NH)-C(=O)-NH_2 \cdots C(=O)-NHCH_2OH$$

$$\xrightarrow{-CH_2O} HN(-CH_2-NH)-C(=O)-NH_2 \cdots C(=O)-NHCH_2OH$$

此外甲醛与亚氨基之间亦可以缩合成键。

这样聚合所得的是线型的或低交联度的分子,其结构尚未完全确定。一般认为其分子主链上具有如下结构:

$$\sim NH-CH_2-N(CO-NH-CH_2OH)-CH_2-N(C=O-NH_2)-CH_2-N(CO-NH-CH_2OH)\sim$$

线型脲醛树脂发泡还可以加工成泡沫塑料。由于泡沫塑料内有许多微孔,结构稳定,具有重量轻、隔音、绝缘、绝热、价廉等特点,可作为保温、隔音、绝缘及弹性材料等,但其机械性能较低,一般不用作结构材料。

【实验步骤】

在50ml三口瓶中,加入0.7g 36%甲醛水溶液,摇匀后测pH。用1~2滴10% NaOH中和pH到7.0[1]。再慢慢加入3.6g尿素[2]。在三口瓶上分别装上球形冷凝管,温度计,电动搅拌器,水浴加热。慢慢加热到90℃,在90℃下反应1.5小时[3],停止加热后继续搅拌到冷却至室温。

将制好的脲醛树脂倒入250ml烧杯中,加入等体积的水,在电动搅拌器的搅拌下,1~2分钟内,将2ml起泡剂[4]用滴管分数次加入,快速搅拌10分钟,再静置20分钟,形成比较稳定的白色泡沫[5],放入柜中,待下次实验时,再在50℃烘箱中干燥脱模,即得产品。

【注意事项】

(1) 混合物的pH应不超过8~9,以防止甲醛发生坎尼查罗反应。

(2) 尿素加入速度宜慢,若加入过快,由于溶解吸热会使温度下降,这样制得的树脂浆状物会使混浊且黏度增高。

(3) 在此期间如发现黏度骤增,出现陈胶,应立即采取措施补救。出现这种现象的原因可能有:①酸度太高,pH 达到 4.0 以下;②升温太快,温度超过 100℃。补救的方法是:①使反应液降温。②加入适量的甲醛水溶液稀释树脂,从内部反应降温。③加入适量的 NaOH 水溶液,将 pH 调到 7.0,酌情确定出料或继续加热反应。

(4) 起泡即是由 10 份拉开粉(萘-SO_3Na 与 $(C_4H_9)_2$ 表面活性剂)、15 份 85% 磷酸、10 份间苯二酚及 65 份水配制而成,要摇匀。

(5) 起泡时,搅拌非常重要,要连续,速度要快。

第四部分 天然有机化合物的提取、分离及纯化实验

中草药的有效成分大多是天然有机化合物,这部分就是介绍天然有机化合物的提取、分离及纯化方法。任何天然有机化合物都是由很多的有机物组成,而且有些有机化合物具有一定的立体结构,因此要从这些复杂的混合物中得到我们所要得到的纯品,需要做很多的研究工作。

天然有机化合物种类较多,大致可分为有机酸类、生物碱类、黄酮类、甾体类、香豆素类等,根据化合物的性质和结构的不同,可选择不同的提取、分离方法。又因为天然有机物在自然界中不是独立存在而是以盐或其他形式与蛋白质、纤维素或其他物质相结合,因而在分离提纯天然有机物时,一般是将植物切碎研磨成均匀的细小颗粒,如所需提纯的物质为挥发性天然有机物,可用气相色谱进行鉴定和分离;如是难挥发的则用不同溶剂或混合溶剂萃取,所选溶剂应是能够溶解所需的物质,然后除去溶剂,进一步处理以使混合物分离。通常在提取天然有机物过程中,除去溶剂后的残余液往往是油状或胶状物。此时可用酸或碱处理,使碱性或酸性组分从中性混合物中分离出,稍能挥发的化合物则可将残余液用水蒸气蒸馏使其与非挥发性物质分开。

对天然有机化合物的纯化,较为有效的方法是各种色谱法,如纸色谱、柱色谱、薄层色谱、气相色谱等。对于纯化后的有机物的结构测定,可对典型官能团进行定性实验,也可把未知有机物通过反应生成已知物质进行研究。近年来采用质谱、红外、紫外、核磁共振等方法测定结构,使工作极为便利。

实验一 从茶叶中提取咖啡因

药物咖啡因可用作心脏、呼吸器官和中枢神经的兴奋剂,亦具有利尿作用,还可用做治疗脑血管性的头痛;尤其是偏头痛,但过度使用咖啡因会增加耐药性和产生轻度上瘾。它是复方阿司匹林(A、P、C)等药物的组方之一。现代制药工业多用合成方法来制得咖啡因。

咖啡因又称咖啡碱,存在于茶叶、咖啡、可可豆等植物中。茶中除含咖啡因外,还含有其他生物碱,如可可豆碱、茶碱等,此外,还有单宁酸(又称鞣酸)、色素、纤维素、蛋白质等。咖啡因为弱碱性化合物,易溶于氯仿、水和乙醇、热苯中。丹宁酸易溶于水和乙醇,但不溶于苯。

咖啡因为黄嘌呤的衍生物,化学名称是 1,3,7-三甲基黄嘌呤。其结构式为:

它属于黄嘌呤类生物碱。含结晶水的咖啡因为白色针状晶体粉末,味苦,能溶于水、乙醇、丙酮、氯仿等溶剂中,微溶于石油醚。在 100℃ 时失去结晶水,开始升华,120℃ 时升华相当显著,178℃ 以上升华加快。无水咖啡因的熔点为 238℃。

为了使咖啡因与非水溶性的纤维素分离开来,将茶叶在热水中煮沸,这样得到的溶液中含有水溶性的咖啡因,棕色的黄酮类色素,叶绿素和单宁。碱性的咖啡因约占茶叶重量的 3%。一类水溶性的单宁实际上是一种酯的混合物,是二没食子酸基连接在葡萄糖中某一位置(一般为游离的羟基位置)而成,如:

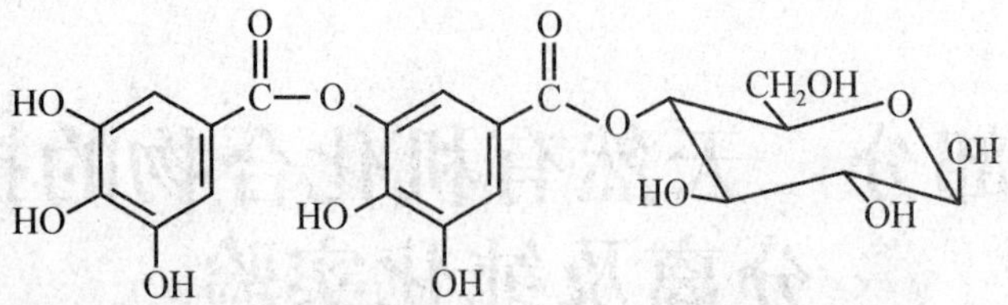

在热水中单宁经部分水解生成没食子酸。

另一类单宁是聚合物,它是由葡萄糖和儿茶素所组成。上述两种类型的单宁,以及热水中水解生成的没食子酸可与咖啡因反应生成不溶性的盐而沉淀下来,这类盐生成后不易得到纯净的咖啡因。因此,在将茶叶放到热水中之前,要将碳酸钙加到茶叶中,碳酸钙与单宁反应生成不溶性的钙盐。而咖啡因游离在溶液中。然后,用二氯甲烷将这种游离的生物碱萃取出来(注:黄酮类色素不溶于二氯甲烷,叶绿素易溶于二氯甲烷)。回收二氯甲烷,得咖啡因和叶绿素的粉状残余物。因为叶绿素在丙酮中极易溶解,故可用丙酮重结晶咖啡因而将叶绿素除去;咖啡因还具有升华性,因此也可用升华法来纯化咖啡因。

咖啡因可用测定熔点(236℃)及红外、磁共振波谱进行鉴定。制备咖啡因水杨酸盐衍生物(熔点为130℃)可以进一步确证咖啡因的性质,因咖啡因是碱,可与水杨酸反应生成咖啡因水杨酸盐。

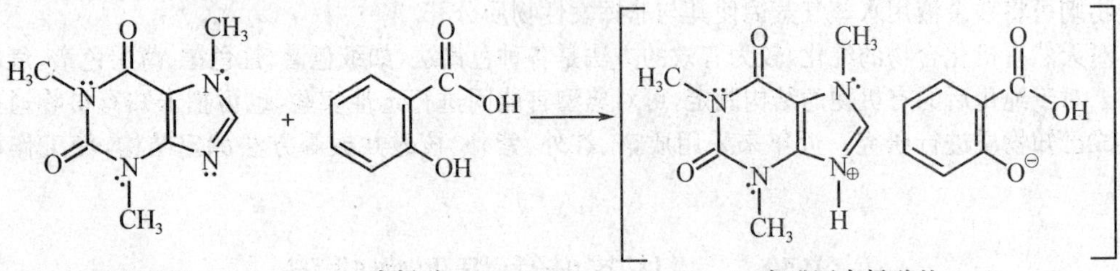

【实验步骤】

方法一:咖啡因的分离

在500ml圆底烧瓶中加入30g红茶叶和30g粉状碳酸钙,再加入250ml水,用电热套加热,温和地回流20~25分钟。回流结束后,将热溶液用中等孔度的滤纸和布氏漏斗进行真空过滤。滤液用冰水冷却,然后将此滤液每次用25ml二氯甲烷萃取2~3次。若有固体或乳浊液出现,可用小棉花团将二氯甲烷溶液过滤,此后用水浴回收二氯甲烷,称粗咖啡因的重量,计算干茶叶中的咖啡因的含量。

方法二:粗咖啡因的纯化

称取茶叶末10g,放入脂肪提取器的滤纸套筒中[1],将100ml 95%乙醇加入到烧瓶(烧瓶中需加少许止爆剂)中,用电热套大火加热回流1小时[2],待最后一次回流液刚刚虹吸下去时,立即停止加热。冷却5分钟后,改成蒸馏装置,回收提取液中大部分乙醇。再把残液(约20~30ml)倾入蒸发皿中,拌入3~4g氧化钙粉末,在沸水浴上蒸干。

将蒸发皿移至电热套上,焙炒约20分钟(温度控制在100℃以下),将水分全部除去后。取一只合适的玻璃漏斗,一头堵上棉花,罩在隔以刺有密集小孔滤纸的蒸发皿上,用电热套小心加热升华,温度控制在150~170℃之间,保持30~40分钟,当纸上出现白色毛状结晶时,暂停加热,冷却,等温度降至100℃以下[3],揭开漏斗和滤纸,仔细将附在纸上和器皿上的咖啡因刮下,残渣经搅拌后再次加热升华,温度控制在170~200℃约10~20分钟,使升华完全。合并两次收集的咖啡因,称重,计算产率。

本实验需6~7小时。

【注意事项】

(1) 包茶叶滤纸套筒高度不得超过虹吸管顶端；滤纸包茶叶末要严紧，防止茶叶漏出阻塞虹吸管；纸筒上面折成凹形，以保证回流液均匀浸润被萃取物。

(2) 加热提取过程中若出现虹吸后不能停止的现象，可适当调低加热温度，否则提取筒存不住乙醇，影响提取效率。

(3) 升华操作是本实验成败的关键，升华过程中一定要始终控制小火加热；取结晶前一定要等温度降至100℃以下，不要急于打开漏斗，否则会造成产品自燃而影响产率。

【思考题】

(1) 为什么由不纯的粗咖啡因重量计算出的含量比用纯咖啡因计算的更符合于正确值？

(2) 假定得到的粗咖啡因几乎是纯的咖啡因，实验中所得粗咖啡因的百分产率与茶叶中3％咖啡因的预期值进行比较将会怎样？你的结果与正常值之间是否有差异？给予一种可能的解释。

(3) 作为一种较新的鉴定技术，衍生物的形成对于分离产物的鉴定毫无价值，为什么？

(4) 在分离出一种未知结构的粗化合物后，通常要进行的下一个基本步骤是什么？

(5) 如果你使用的原料是速溶茶，而不是茶叶，如何改进分离步骤？画出用速溶茶进行分离操作的示意流程图。

(6) 咖啡因分子中哪个氮碱性最强？试加以解释。

实验二　从红辣椒中分离红色素

红辣椒含有几种色泽鲜艳的色素，这些色素容易通过薄层色谱或柱色谱分离出来。在红辣椒的色素的薄层色谱中，可以得到一个大的鲜红色斑点，表明红辣椒的深红色是由这个主要色素产生。研究结果证明这种色素由辣椒红的脂肪酸酯组成。

辣椒红

辣椒红的脂肪酸酯(R=3个或更多碳的链)

另一个 R_f 值稍大的较小红色斑点，可能是由辣椒玉红素的脂肪酸酯组成。

辣椒玉红素

红辣椒还含有 β-胡萝卜素。

β-胡萝卜素

辣椒红、辣椒玉红素和β-胡萝卜素像所有的类胡萝卜素一样，都是由八个异戊二烯单元组成的四萜化合物。类胡萝卜素类化合物的颜色是由长的共轭体系产生的，该体系使得化合物能够在可见光范围吸收能量。对辣椒红来说，对光的吸收使其产生深红色。

在本实验中，将用二氯甲烷萃取红辣椒从而得到色素的混合物。然后，通过薄层色谱分析这个混合物，使用硅胶G薄板和二氯甲烷作为展开剂。假定这个R_f值约0.6的红斑点为辣椒红的脂肪酸酯(即红色素)，那么这就为鉴定和分离提供了必要的数据。然后用柱色谱分离这种粗色素的混合物，得到具有相当纯度的红色素。还可以从混合物的其他色素中分离出黄色素。

【实验步骤】

(1) 从红辣椒中萃取色素：在25ml圆底烧瓶中放入1g红辣椒和几颗沸石，加入10ml二氯甲烷，回流20分钟。回流结束后，冷至室温后抽滤，所得滤液经蒸发即得到色素的一种混合物。

(2) 红辣椒色素混合物的薄层色谱分析：准备一只薄层色谱展开槽，用二氯甲烷作为展开剂。把极少量粗色素样品刮入烧杯中，用5滴二氯甲烷溶解。在一硅胶G薄板上点样，在上面准备好的色谱展开槽中进行展开。记录每一点的颜色，并计算它们的R_f值[1]。然后用柱色谱法分离$R_f \approx 0.6$的主要红色素。

(3) 柱色谱分离红色素：用湿法装柱，将浸泡在二氯甲烷中，除尽气泡的7.5～10g硅胶(60~200目)装填到一色谱柱中。柱装填好后，将二氯甲烷洗脱剂液面降至覆盖硅胶的石英砂的上表面。

将色素的粗混合物溶解在少量的二氯甲烷中(约1.0ml)，然后将溶液加到色谱柱的上端。上样完后，用二氯甲烷进行洗脱。以每2ml为一个流分，分段用试管、10ml小烧杯或10ml小锥形瓶[2]进行流分收集。当第二组黄色素洗脱下来后，停止洗脱。

通过洗脱液的薄层色谱来检验柱色谱的分离效果。采用2cm×8cm硅胶G板或自制硅胶G载玻片薄层板，鉴定含有红色素的这批流分，然后将基本上含有一种组分的每组流分合并。

如果没有得到一个好的分离效果，用同样步骤将合并的红色素流分再进行一次柱色谱分离。

【注意事项】

(1) 也可以使用一块自制薄板，用含有1%～5%绝对乙醇的二氯甲烷作为展开剂进行色谱展开。

(2) 不必保持高的溶剂液差。

【思考题】

(1) 标出辣椒红和β-胡萝卜素结构中的异戊二烯单元。

(2) 已知主要成分红色素是化合物的混合物，那么为什么在薄层色谱中它只形成一个斑点？

实验三 从肉桂中分离肉桂醛

精油(亦称挥发油)中含有很多类型的化合物，它们使许多种植物带上了香味，尤其是那些通常已为人们所熟知的芳香植物。有一类精油属于丙苯衍生物，例如肉桂醛，它具有一个含有连接在苯环上的三碳链的结构。肉桂油基本上是纯的肉桂醛。

肉桂醛(反-3-苯基丙烯醛)

肉桂醛在室温下呈油状,它可从粉碎的肉桂树皮中通过水蒸气蒸馏提取出来。肉桂醛不溶于水,它与水形成不相互溶的液相,在用水蒸气蒸馏肉桂时,高沸点的肉桂油和低沸点的水一起被蒸出和冷凝下来,肉桂醛形成的油滴分散在水介质中,这种油滴容易用二氯甲烷从水中萃取出来,蒸去二氯甲烷后得到基本纯净的肉桂醛。

对于分离出的肉桂醛的鉴定,采用红外广谱和 ^{1}H-磁共振波谱较为理想;也可用多伦试剂进行检验,即证明它是一种醛。多伦试剂能氧化反-3-苯基丙烯醛(即肉桂醛),生成反-3-苯基丙烯酸铵盐和金属银沉淀,发生银镜反应。在紫外、红外和其他波谱问世之前,难于鉴定在室温下呈油状物的化合物。然而,人们发现通过一些化学反应可将油状物变成比较容易纯化和鉴定的固体衍生物。醛能与氨基脲反应生成缩氨基脲的衍生物。肉桂醛缩氨基脲熔点为215℃,它在甲醇中容易重结晶。

肉桂醛   氨基脲   肉桂醛缩氨基脲

【实验试剂】

25g 肉桂,20ml 二氯甲烷,1g 无水硫酸钠,10ml 绝对乙醇,1ml 10% $AgNO_3$ 溶液,1ml 10% NaOH 溶液,几毫升稀氢氧化铵(6mol/L),0.20g 氨基脲盐酸盐,0.30g 无水乙酸钠,10ml 甲醇。

【实验步骤】

(1) 肉桂醛的分离:在 500ml 圆底三颈瓶中放入 25g 研细的肉桂,加入足够的水使其润湿,并覆盖粉末表面。装好水蒸气蒸馏装置[1]。

收集约 100ml 水-肉桂醛馏出液。将馏出液转移至分液漏斗中,用二氯甲烷萃取馏出液 3～5 次,每次 10ml。用无水硫酸钠干燥二氯甲烷溶液。过滤,将滤液收集在一个预先称重的离心试管或烧瓶中,然后在通风橱中用水浴蒸去二氯甲烷。

测定从肉桂中分离得到的肉桂醛的重量,计算产率。

(2) 肉桂醛的化学鉴定:在进行多伦实验前,将肉桂醛溶解于 5ml 绝对乙醇中。将 1.0ml 肉桂醛-乙醇溶液加入到多伦试剂中,在水浴上将试管温和加热,观察现象。

(3) 肉桂醛的缩氨基脲衍生物的生成:在一已知重量的离心试管或小烧杯中,把 0.2g 氨基脲盐酸盐和 0.3g 无水乙酸钠溶于 2ml 水中,然后加入 4ml 肉桂醛—乙醇溶液。将此溶液在水浴上加热 10 分钟,然后放在冰浴中冷却。抽滤,用甲醇重结晶。

测定肉桂醛的缩氨基脲的熔点,文献值为 215℃。

【注意事项】

(1) 用一厚层玻璃棉包裹蒸馏头,加快水蒸气蒸馏速度。另外不要使插入肉桂粉末中的管子堵塞。

【思考题】

(1) 为什么将油状物转变成固体衍生物是有利的?
(2) 为什么多伦试剂必须在使用前才配置?
(3) 写出肉桂醛缩氨基脲生成的反应原理。
(4) 为什么在测定红外光谱之前,含有肉桂醛的二氯甲烷溶液必须干燥?

实验四 从黑胡椒中分离胡椒碱

黑胡椒具有香味和辛辣味,其中含有大约 10% 的胡椒碱和少量胡椒碱的顺反异构体佳味碱

(chavicine)。黑胡椒的其他成分为淀粉（20%～30%）、挥发油（1%～3%）、水（8%～13%）。经测定，胡椒碱为具有特殊的双键顺反异构的1,4-二取代丁二烯。

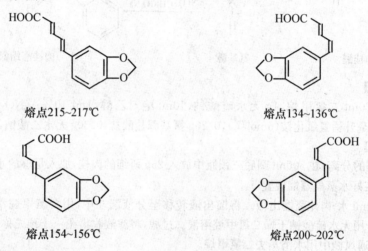

将磨碎的黑胡椒用95%乙醇加热回流，较容易提取出胡椒碱。在乙醇的粗提取液中，除含有胡椒碱和佳味碱外，还含有酸性树脂类物质，为防止这些杂质与胡椒碱一起析出，在浓缩的提取液中加入稀的氢氧化钠溶液，使酸性物质生成盐而留在溶液中，从而避免酸性物质和胡椒碱一起析出，达到提纯胡椒碱的目的。

这里的酸性物质主要是胡椒酸，它是下面四个异构体中的一个，只要测定水解所得胡椒酸的熔点，即可说明其立体结构。

熔点215~217℃　　熔点134~136℃

熔点154~156℃　　熔点200~202℃

【实验试剂】

15g黑胡椒，180ml 95%乙醇，15ml 2mol/L KOH乙醇溶液。

【实验步骤】

（1）胡椒碱的提取：在500ml圆底烧瓶中加入15g磨碎的黑胡椒和150～180ml 95%乙醇，装上回流冷凝管，缓和加热回流3小时[1]，抽滤。滤液在水浴上加热浓缩至10～15ml[2]，然后加入15ml温热的2mol/L氢氧化钾-乙醇溶液，充分搅拌，过滤除去不溶物质。将滤液转移到100ml烧杯中，置于热水浴中，慢慢滴加10～15ml水，溶液出现浑浊并有黄色晶体（胡椒碱）析出。充分冷却后[3]，抽滤，经干燥后称量。

（2）胡椒碱的纯化：粗产品用丙酮重结晶，得到浅黄色针状晶体。测其熔点，胡椒碱熔点的文献值为129～131℃。

【注意事项】

（1）由于混合物中有大量的黑胡椒碎粒，因此须小心加热，以免爆沸。

（2）采用蒸馏装置，以回收乙醇。

（3）最好用冰水冷却。

【思考题】

（1）胡椒碱应归入哪一类天然物质？为什么？

（2）实验中得到的胡椒碱是否具有旋光性？为什么？

实验五　从黄连中提取小檗碱

黄连为我国名产药材之一,抗菌力很强,对急性结膜炎、口疮、急性细菌性痢疾、急性肠胃炎等均有很好的疗效。黄连中含有多种生物碱,除以小檗碱(俗称黄连素 berberine)为主要有效成分外,尚含有黄连碱、甲基黄连碱、棕榈碱和非洲防己碱等。随野生和栽培及产地不同,黄连中小檗碱的含量约为 4%～10%。含小檗碱的植物很多,如黄柏、三颗针、伏牛花、白屈菜、南天竹等均可作为提取小檗碱的原料,但以黄连和黄柏中的含量为高。

小檗碱是黄色针状晶体,微溶于水和乙醇,较易溶于热水和热乙醇中,几乎不溶于乙醚。小檗碱的结构以较稳定的季铵碱为主,其结构为:

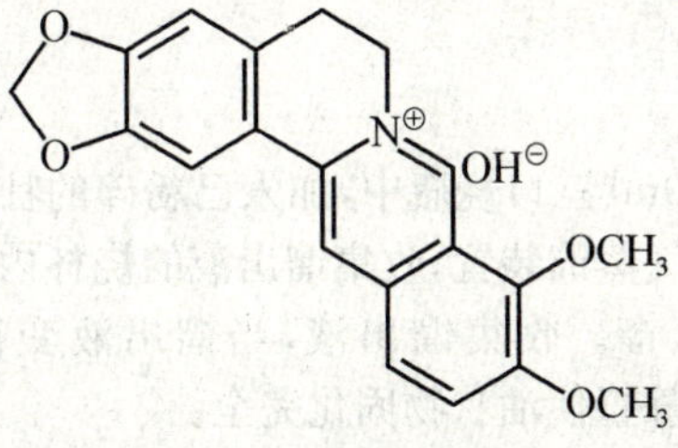

在自然界小檗碱多以季铵盐的形式存在。小檗碱的盐酸盐、氢碘酸盐、硫酸盐、硝酸盐均难溶于冷水,易溶于热水,其各种盐的纯化都比较容易。

【实验步骤】

(1) 小檗碱的提取:称取 10g 中药黄连粉末,置 250ml 圆底烧瓶中,加入 100ml 乙醇,装上回流冷凝管,热水浴加热回流半小时,静置浸泡 1 小时,抽滤。滤渣重复上述操作处理两次,合并三次所得滤液,在水泵减压下蒸出乙醇(回收),得棕红色糖浆状物。

(2) 小檗碱的纯化:加 1% 乙酸(约 30～40ml)于糖浆中,加热使溶解,抽滤以除去不溶物,然后于溶液中滴加浓盐酸,至溶液混浊为止(约需 10ml),放置冷却[1],即有黄色针状的小檗碱盐酸盐晶体析出[2],抽滤,晶体用冰水洗涤两次,再用丙酮洗涤一次,以加快干燥速度,尽量抽干溶剂,烘干称量。

【注意事项】

(1) 最好用冰水冷却。
(2) 如晶形不好,可用水重结晶一次。

【思考题】

(1) 小檗碱为何种生物碱类化合物?
(2) 为何要用石灰乳来调节 pH,用强碱氢氧化钠(钾)行不行?为什么?

实验六　从牡丹皮中提取丹皮酚

【目的要求】

(1) 学习中草药中易挥发成分的提取和分离方法。
(2) 掌握水蒸气蒸馏的原理、装置和基本操作。

【实验原理】

牡丹皮是植物牡丹的根皮,性微寒,味苦,具有清热凉血,活血散瘀之功效。本品的主要药用成分为丹皮酚、丹皮酚苷等,后者在储存过程中易分解出丹皮酚。除牡丹皮外,中药徐长卿的根中也含有较多的丹皮酚。丹皮酚具有镇痛、镇静、抗菌作用,临床上用于治疗风湿痛、牙痛、胃痛、皮肤病及慢性支气管炎、哮喘等症。

丹皮酚的化学名称为 2-羟基-4-甲氧基苯乙酮,结构如下:

丹皮酚为具有芳香气味的白色针状结晶,熔点50℃。丹皮酚的邻位羟基可与酮的羰基可形成分子内氢键,具有挥发性,能随水蒸气蒸馏出。丹皮酚难溶于水,易溶于乙醇、乙醚、氯仿、苯等有机溶剂。

利用丹皮酚具有挥发性,能随水蒸气蒸出的性质进行提取,再利用难溶于水易溶于有机溶剂的性质进行纯化。

【实验步骤】

(1) 提取、分离与纯化:在250ml三口烧瓶中,加入已粉碎的牡丹皮30g,加1g食盐和60ml水,混匀后浸泡约30分钟,安装水蒸气蒸馏装置,收集馏出液的烧杯内加入食盐5g,烧杯外用冰水浴冷却,向烧瓶内通入水蒸气进行蒸馏。收集馏出液,当馏出液变得比较澄清、无乳浊现象时(约120ml)[1],停止蒸馏,冰水浴冷却静置使油状物固化完全。

将馏出液抽滤,得到丹皮酚粗品[2]。将结晶用少量(少于5ml)乙醇使之溶解,再加入蒸馏水(乙醇与水之比约1∶9),溶液先呈乳白色,静置后有大量白色针状结晶析出,抽滤结晶,自然干燥,即得丹皮酚纯品。

(2) 鉴别:

1) 碘仿实验:制备丹皮酚甲醇溶液,碘仿实验应有米黄色沉淀出现。

2) 三氯化铁实验:制备丹皮酚乙醇或甲醇溶液,三氯化铁检验应显紫红色。

3) 熔点测定:mp 50℃。

本实验约需6~7个学时

【注意事项】

(1) 在进行水蒸气蒸馏时,理论上需蒸至馏出液用三氯化铁检验无色,即无丹皮酚阳性反应。但如此做,可能要花费较长的时间,效率太低。故常蒸馏至馏出液澄清无乳浊为宜。

(2) 本实验原料只要选用较优质的牡丹皮,一般都能得到可观的丹皮酚结晶。若在提取过程中得不到白色结晶,只有油珠状物质沉于馏出液下,此时可在馏出液中加入少量丹皮酚结晶,或用玻棒摩擦烧杯壁,即会有大量白色针状结晶析出。也可用乙醚振摇萃取3次(30、20、15ml),合并乙醚提取液,用无水硫酸钠脱水,回收乙醚至少量。放置一夜,即有白色结晶析出。

【思考题】

(1) 进行水蒸气蒸馏时,蒸气导管的末端为什么要尽可能接近容器的底部?

(2) 什么情况下可选择水蒸气蒸馏?水蒸气蒸馏必须满足什么条件?

(3) 在进行丹皮酚化学检识(碘仿实验)时,可用乙醇做溶剂吗?为什么?

(4) 水杨酸也可用水蒸气蒸馏法提取分离吗?为什么?

实验七 卵磷脂的提取

【目的要求】

(1) 学习从蛋黄中提取卵磷脂的原理和实验方法。

(2) 巩固抽滤等基本操作。

【实验原理】

卵磷脂(磷脂酰胆碱)是典型的甘油酯类,由甘油与脂肪酸和磷酰胆碱结合而成,化学结构式如下：

$$\begin{array}{l} CH_2O-COR \\ | \\ CHO-COR \\ | \quad\quad\quad O^- \\ | \quad\quad\quad | \\ CH_2O-P-O-CH_2CH_2-\overset{+}{N}(CH_3)_3 \\ \quad\quad\quad \| \\ \quad\quad\quad O \end{array}$$

卵磷脂存在于动物的各种组织细胞中，蛋黄中含量较高，约 8%。可根据它溶于乙醇、氯仿而不溶于丙酮的性质，从蛋黄中分离得到。卵磷脂可在碱性溶液中加热水解，得到甘油、脂肪酸、磷酸和胆碱，可从水解液中检查出这些组分。其分离提取的流程如下：

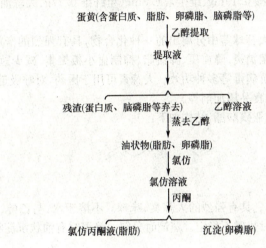

【仪器和药品】
(1) 仪器：研钵，布氏漏斗，蒸发皿，棉花。
(2) 药品：熟鸡蛋黄，20%氢氧化钠溶液，硫酸，95%乙醇 20ml，氯仿 5ml，丙酮 15ml。

【实验步骤】
取熟鸡蛋蛋黄一只，于研钵中研细，先加入 10ml 95%乙醇研磨，再加入 10ml 95%乙醇充分研磨，减压过滤(应盖满漏斗)，布氏漏斗上的滤渣经充分挤压滤干后，移入研钵中，再加 10ml 95%乙醇研磨，减压过滤，滤干后，合并二次滤液，如浑浊可再过滤一次，将澄清滤液移入蒸发皿内[1]。将蒸发皿置于沸水浴上蒸去乙醇至干，得到黄色油状物[2]。冷却后，加入 5ml 氯仿，搅拌使油状物完全溶解[3]。在搅拌下慢慢加入 15ml 丙酮，即有卵磷脂析出，搅动使其尽量析出(溶液倒入回收瓶内)[4]。
本实验需 3～4 小时。

【注意事项】
(1) 第一次减压过滤，因刚析出的醇中不溶物很细以及有少许水分，滤出物浑浊，放置后继续有沉淀析出，需合并滤液后，以原布氏漏斗(不换滤纸)反复滤清。
(2) 蒸去乙醇时，可能最后有少许水分，需搅动加速蒸发，务必使水蒸干。
(3) 黄色油状物干后，蒸发皿壁上沾的油状物一定要使其溶于氯仿中，否则会带入杂质。
(4) 搅动时，析出的卵磷脂可黏附于玻棒上，成团状。

【思考题】
(1) 蛋黄中分离卵磷脂根据什么原理？
(2) 卵磷脂可作乳化剂，这是为什么？
(3) 为什么实验中要进行减压过滤？操作时应注意哪些地方？

实验八　从大蒜中提取大蒜素

【目的要求】
(1) 学习采用有机溶剂浸提法提取大蒜素的实验方法。
(2) 巩固减压蒸馏回收溶剂、折光率的测定等基本操作。

【实验原理】
　　大蒜为单叶子植物百合科葱属植物蒜的鳞茎,在我国已有 2000 多年的种植历史,我国是世界上生产大蒜的主要国家之一,目前我国大蒜种植面积占世界的 40%～50%。大蒜营养丰富,据报道,每 100g 新鲜大蒜中含蛋白质 41.4g,脂肪 0.12g,碳水化合物 23g,钙 5mg,铁 0.14mg,硫胺素 0.124mg,核黄素 0.103mg,烟酸 0.19mg,维生素 C 3mg,粗纤维 0.17g,大蒜油 0.12g,还含有 30 多种挥发性含硫化合物。

　　大蒜素又称大蒜油,是从大蒜球茎中分离出的一种化合物,具有强烈的辛辣刺激味。大蒜素是大蒜的主要活性成分,具有抗菌消炎、降血压、降血脂、抑制血小板聚集、减少冠状动脉硬化、抑制体内 N-亚硝胺合成,防癌治癌、抗病毒等多种功效。大蒜素可用于医药,对呼吸道、消化道、脑膜炎、肠道疾病;还可用于兽药、农药和食品添加剂等。

　　大蒜素学名二烯丙基硫代亚磺酸酯,结构如下:

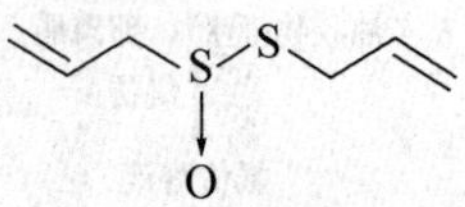

大蒜素为淡黄色油状液体。具有强烈的大蒜臭、味辣。不溶于水,与乙醇、乙醚、苯、氯仿互溶。水溶液呈微酸性。对酸稳定,对热碱不稳定。蒸馏时分解。静置时有油状沉淀物产生。

【实验步骤】
　　先将大蒜去皮,称取去皮的大蒜 25g,捣碎,装入 250ml 的圆底烧瓶中,再加入适量 95% 的乙醇溶液(以浸泡蒜末为止,约为 15ml)浸泡 0.5 小时,浸泡后用倾析法去除乙醇,加 15ml 蒸馏水回流煮沸 30 分钟,冷凝后改为蒸馏装置,50℃减压蒸馏到没有蒸出液为止,在蒸出液表面有无数黄色小液珠,蒸出液密封静置过夜,黄色小液珠全部沉到容器底部,微微振荡可以将黄色小液珠合成较大的液体团,用注射器吸取分离,得到有蒜臭气味的黄色液体——大蒜素,用蒸馏水洗涤 2 次,测定其折光率为 1.592。

【注意事项】
　　本法为有机溶剂浸提法提取大蒜素,大蒜素的提取还可以采用水蒸气蒸馏法、超临界萃取法等。有机溶剂浸提法的优点是出油率比水蒸气蒸馏法稍高,且省去蒸气发生设备。缺点是由于使用有机溶剂,成本相对较高;其他可溶性物质的含量偏高;因此要注意控制溶剂残留量。

【思考题】
为什么要在低温条件下(50℃以下)减压蒸馏?

第五部分　有机化合物的性质实验

5.1　有机化合物官能团性质实验

实验一　烃 的 性 质

【目的要求】
通过实验,进一步掌握烷、烯、炔、芳烃的化学性质和鉴别方法。

【实验原理】
烷烃是典型的非极性分子,是由 C—C 和 C—H 两种 σ 键组成,并且难以被极化。因此,这类化合物性质比较稳定,在一般条件下,与强酸、强碱、强氧化剂、强还原剂不起反应。但在加热或光照条件下能发生自由基卤代反应,生成卤代烃。

烯烃和炔烃分子中具有不饱和双键和叁键,化学性质比较活泼,表现出能发生加成、氧化等特征反应。例如不饱和烃容易和溴加成,使溴褪色;容易与高锰酸钾作用,使高锰酸钾还原,紫色消失。具有 —C≡CH 结构的炔烃,其中叁键碳上的氢能被金属取代,生成金属炔化物。

苯是芳香族化合物的母体,苯分子是一个环状闭合共轭体系,这种特殊的结构,使其环系稳定、难加成、难氧化、易取代。

【实验步骤】
(1) 烷烃的性质:
1) 氧化反应:取液状石蜡10滴于试管中,滴加 0.1%高锰酸钾溶液5滴,边滴边振荡,观察颜色有何变化。
2) 卤代反应:将甲烷[1]分别通入两支各盛有 0.5ml 1%溴的四氯化碳溶液的试管中 0.5 分钟,把其中一支试管放在黑暗的地方(如实验柜内)或用黑纸包上,避免光照,另一支试管放在阳光下(或紫外灯下),光照 15～20 分钟,试比较两支试管颜色有什么变化,为什么?

(2) 烯烃的性质:
1) 氧化反应:取松节油[2]10滴,滴加 0.5%高锰酸钾溶液 10滴,边加边振荡,观察现象。
2) 加成反应:取松节油 1ml,滴加 1%溴的四氯化碳溶液 1ml,观察现象,如颜色不退,稍加热,再行观察。

(3) 乙炔的性质:
1) 加成反应:将乙炔[3]通入盛有 1ml 1%溴的四氯化碳溶液的试管中,观察现象。
2) 氧化反应:将乙炔通入盛有 1ml 0.5%高锰酸钾及 2滴 10%硫酸的试管中,观察现象。
3) 炔银的生成:将乙炔气体通入盛有一硝酸银氨溶液[4]的试管,观察现象。
观察完毕,立即在试管中加入 1∶1 稀硝酸分解炔化银,因其干燥时易爆炸。

(4) 芳香烃的性质:
1) 苯的稳定性:取 0.5%高锰酸钾和 10%硫酸各 0.5ml 混匀后,加入苯 0.5ml,观察现象。
2) 溴代反应:取两支试管,各放入 10滴苯和 10滴 1%溴的四氯化碳溶液。其中一支试管中加入少许铁粉,振荡,观察并比较其结果。必要时可在沸水浴中加热片刻(在通风橱中进行)。
3) 硝化反应:在 0.5ml 苯中加入浓硫酸和浓硝酸各 0.5ml,振荡,在 50～60℃ 热水浴中加热 15分钟,倾反应液于 5ml 冷水中,观察现象。

4）磺化反应：在0.5ml苯中滴加发烟硫酸1ml并随即振荡，必要时在沸水浴中小心加热片刻，待反应液不再分层后，倾入5ml冷水中，观察现象。

5）傅-克反应：取一干燥试管，加入2ml氯仿，3ml苯，振荡后，斜执试管，使管壁湿润，然后沿管壁加入少许无水三氯化铝粉末，观察粉末及溶液颜色变化。

【注意事项】

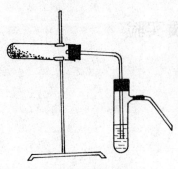

图 5-1 甲烷制备装置

（1）甲烷制备：按图5-1所示把仪器连接好，其中作为反应器用的试管（25mm×180mm）要硬质且干燥的，试管口配一胶塞，打一孔，插入玻璃导气管，把试管斜置使管口稍低于管底。（为什么?）在侧支试管中盛约10ml浓硫酸。检查装置不漏气后，把5g无水乙酸钾和3g碱石灰以及2g粒状氢氧化钠放在研钵上研细充分混合，立即倒入试管中，从底部往外铺。塞上带有导气管的胶塞，先用小火徐徐均匀地加热整支试管，再强热靠近试管口的反应物，使该处的反应物反应后，逐渐将火焰往试管底部移动，估计空气排尽后，即可做实验。

（2）松节油中含有 α-蒎烯（一种环烯烃）。

（3）乙炔制备：在一支带有支管的大试管中放置约5g碳化钙，管口用带有滴液漏斗的胶塞塞住，支管用橡皮管和导气管相连，滴液漏中盛10ml饱和食盐水，打开滴液漏斗的活塞，使水缓缓滴入试管中，即有乙炔气体产生。

（4）硝酸银氨溶液的配置：取1ml 5%硝酸银溶液，加入2滴10%氢氧化钠溶液，再滴入2%氨水，边滴加边振荡，直至生成的沉淀恰好溶解，得到澄清的银氨溶液。

【思考题】

(1) 鉴别烃类化合物为什么用溴的四氯化碳溶液，而不用溴水？

(2) 烷烃与溴溶液、高锰酸钾溶液有无反应？在光照下能否与溴起反应？

(3) 如何鉴别烷烃、烯烃、炔烃和芳香烃？

实验二 卤代烃的性质

【目的要求】

通过实验进一步认识烃基结构对反应速率的影响，不同卤原子对反应速率的影响。

【实验原理】

检查卤原子往往利用卤代烃与硝酸银的醇溶液作用，生成卤化银沉淀。在卤代烃中，烃基的结构影响着卤原子的活泼性，卤丙烯型和苄卤型活性最大，卤烷型活性次之，卤乙烯和卤苯型活性最小。在烃基结构相同的情况下，不同的卤素表现出不同的活泼性，碘代烷活性最大，氟代烷活性最小。多个卤原子连在同一个碳上，卤原子活性降低。

【实验步骤】

(1) 与硝酸银作用：

1）不同烃基结构的反应：取1ml 5%硝酸银乙醇溶液于试管中，滴加2～3滴样品，振荡后静置5分钟，观察有无沉淀析出，如无沉淀可在水浴上煮沸片刻，再观察之，记录活泼性次序。

样品：1-氯丁烷、2-氯丁烷、2-氯-2-甲基丙烷、氯化苄、氯苯。

2）不同卤原子的反应：取1ml 5%硝酸银乙醇溶液于试管中，滴加2～3滴样品。如前操作方法观察沉淀生成速率，记录活泼性次序。

样品：1-氯丁烷、1-溴丁烷、1-碘丁烷。

(2) 与稀碱作用：

1）不同烃基的反应：取10～15滴样品于试管中，加入1～2ml 5%氢氧化钠溶液，振荡后静置，小心取水层数滴加入同体积稀硝酸酸化[1],然后用2%硝酸银检查有无沉淀,若无沉淀可在水浴中小心加热再观察之,记录它们的活泼性次序。

样品:1-氯丁烷、2-氯丁烷、2-氯-2-甲基丙烷、氯化苄、氯苯。

2) 不同卤原子的反应:取10～15滴样品于试管中,加入1～2ml 5％氢氧化钠溶液,振荡后静置,小心取水层数滴,如上法用稀硝酸酸化后,用2%硝酸银检查之,记录活泼性次序。

样品:1-氯丁烷、1-溴丁烷、1-碘丁烷。

3) 与碘化钠-丙酮溶液作用:取2ml 15％的碘化钠-无水丙酮溶液[2]于干燥试管中,加2～3滴样品,混匀,必要时将试管在50℃左右水浴中加热片刻[3],记录生成沉淀所需时间。

【注意事项】

(1) 加酸的目的,在于中和过量的碱。

(2) 15％碘化钠-丙酮溶液的配制:称取碘化钠7.5g,溶于43g(约54ml)丙酮中,避光冷藏放置,但不宜久放。

(3) 水浴温度不宜超过50℃,否则不但丙酮易挥发,而且会由于试液沸腾而溢出。

【思考题】

(1) 根据实验结果,为什么与硝酸银-醇溶液作用,不同烃基的活泼性是3°＞2°＞1°? 在本实验中可否使用硝酸银的水溶液? 为什么?

(2) 卤原子在不同反应中,活性为什么总是碘＞溴＞氯?

(3) 卤代烃的水解为什么要在碱性条件下进行? 碱在整个反应中起什么作用?

实验三 醇、酚、醚的性质

【目的要求】

通过实验进一步认识醇类的一般性质,并比较醇、酚之间化学性质上的差异,认识羟基和烃基的相互影响。

1. 醇的性质

【实验原理】

(1) 醇分子中羟基上的氢容易被金属钠(或钾)取代而生成醇钠(或醇钾),醇钠遇水分解成醇和氢氧化钠。反应活性次序是 $CH_3OH＞1°＞2°＞3°$ 醇。

(2) 由于受羟基的影响,使得α-H活性增大,容易被氧化,不同结构的醇,氧化产物不同。伯醇被氧化成酸,仲醇被氧化成酮,叔醇α-C上没有H不被氧化。

(3) 醇与氢卤酸作用,生成相应卤代烃,其反应速率与氢卤酸的性质和醇的结构有关。氢卤酸的活性次序是 $HI＞HBr＞HCl$。醇的活性次序是3°＞2°＞1°醇。可用此反应区别第一、第二、第三醇,所用试剂为浓盐酸加无水氯化锌配成的溶液,称为卢卡斯(Lucas)试剂。

(4) 多元醇由于羟基的数目增多,羟基中氢原子的电离度从而增大,酸性增强,能和金属氢氧化物生成类似盐的化合物,例如,甘油和氢氧化铜作用生成甘油铜,是一种能溶于水,呈绛蓝色的络合物。

【实验步骤】

(1) 醇钠的生成和水解:在干燥试管中,取正丁醇1 ml,加入一小粒新除去氧化钠的金属钠,观察现象,等到气体放出平稳时,使试管口靠近灯焰[1],观察有何现象。待金属钠完全消失后[2],将溶液倒在表面皿上,在水浴上蒸到有固体析出(是什么?),将所得固体加0.5ml水,并滴入2滴酚酞指示剂,观察现象。

(2) 氧化反应:

1) 与高锰酸钾作用:取0.5％高锰酸钾溶液1ml,加样品3～4滴振摇,观察颜色变化,必要时可微热后再行观察。

2) 与重铬酸钾作用:取 1ml 1％重铬酸钾溶液,加浓硫酸 1 滴,振荡均匀后,冷却,加入样品 3~4 滴,观察颜色变化,微热后,继续观察颜色变化。

样品:乙醇、异丙醇、叔丁醇。

(3) 与卢卡斯试剂[3]的作用:取伯、仲、叔醇各 0.5ml 分别放入三支干燥试管中,加入卢卡斯试剂 2ml,用塞子塞住试管口,振荡后静置,温度最好保持在 26~27℃,观察其变化,记下混浊和分层时间。

样品:正丁醇、仲丁醇、叔丁醇。

(4) 多元醇与氢氧化铜的作用:取 3ml 5％氢氧化钠溶液,加 5 滴 10％硫酸铜溶液,配制成新鲜的氢氧化铜,然后加入试剂 5 滴,振摇,观察现象。

样品:甘油、乙二醇、乙醇。

【注意事项】

(1) 待到氢气放出平稳时,使试管靠近灯焰,可听到氢气与空气的混合气的爆鸣声,即可证实有氢气产生。

(2) 如果反应停止后溶液中如有残余的钠,应该先用镊子将钠取出放在无水酒精中破坏,然后加水。否则,金属钠遇水反应剧烈,不但影响实验结果,而且不安全。

(3) 卢卡斯试剂的配制:将无水氯化锌在蒸发皿中加强热熔融,稍冷后,在干燥器中冷至室温,取出捣碎,称取 136g,溶于 90ml 浓盐酸中。溶解时有大量氯化氢气体和热量放出,放冷后储于玻璃瓶中塞严,防止潮气侵入。

2. 酚的性质

【实验原理】

(1) 酚羟基氧上的孤对电子同苯环形成 p-π 共轭体系,增大了氧氢键极性,使氢易以质子的形式离解,故显弱酸性,能与氢氧化钠作用成盐。但其酸性弱于碳酸。

(2) 具有酚羟基的有机化合物一般都能与三氯化铁发生特有的显色反应,常用此反应来鉴别酚类。产生显色反应的原因是由于产生了电离度很大的络合物。

(3) 由于羟基氧上的孤对电子对苯环的 p-π 共轭效应,增大了苯环上的电子云密度,使之容易发生亲电取代反应。

(4) 酚类易于被氧化成有颜色的醌类化合物。

【实验步骤】

(1) 酚的弱酸性:取 4ml 苯酚的饱和水溶液于试管中,用玻璃棒蘸取一滴于 pH 试纸上试验其酸性。然后将上述苯酚饱和溶液分成二份,一份作空白对照;往另一份中逐滴滴入 5％氢氧化钠溶液,边加边振荡,直到溶液澄清为止(解释溶液变清理由),然后滴加 10％盐酸至溶液呈酸性,观察现象。

(2) 与三氯化铁的显色反应:取 0.5ml 1％样品液于试管中,加入 1％三氯化铁水溶液 1~2 滴,观察现象。

样品:苯酚、对苯二酚。

(3) 酚与溴水作用:取 0.5ml 1％苯酚水溶液于试管中,逐滴滴加饱和溴水,溴水不断褪色,观察有无白色沉淀析出,继续滴加,让溴水过量,观察现象。

(4) 酚与氧化剂作用:取 1ml 1％苯酚液于试管中,滴加 0.5％高锰酸钾溶液 3~5 滴,同时随加振荡,观察现象。

3. 醚的性质

【实验原理】

(1) 醚能和冷的浓强酸作用形成锌盐,锌盐不稳定,遇水分解为原来的醚和酸。

(2) 脂肪醚长时间放置(尤其在日光中),可被空气中的氧气氧化成过氧化物,过氧化物不稳定,浓度高时容易爆炸,过氧化物对人体也有害。它具有氧化性,可用此性质来检查过氧化物存在与否。

【实验步骤】

(1) 𝐒盐的形成:取 2ml 浓硫酸于试管中,在冰水中冷却到 0℃后,在振荡下逐滴加入已冰冷好的乙醚 1ml,观察现象,然后把试管内的反应液倒入盛有 5ml 冰水的另一试管内,同时振荡和冷却,观察现象,嗅其气味。

(2) 乙醚中过氧化物的检查:取 0.5ml 2% 碘化钾溶液于试管中,加 1 滴 10% 硫酸,然后加入 10 滴乙醚,用力振荡,若有过氧化物存在,则乙醚层应显黄色。

【思考题】

(1) 乙醇和金属钠反应,为什么要用无水乙醇?
(2) 为什么卢卡斯试剂能够鉴别伯、仲、叔醇?六个碳以上的伯、仲、叔醇能否用卢卡斯试剂鉴别?
(3) 用乙醚做实验时应注意哪些问题?

实验四 醛、酮的性质

【目的要求】

通过实验进一步加深对醛、酮化学性质的认识,掌握鉴别醛酮的方法。

【实验原理】

(1) 醛和酮都含有羰基,可与羟胺、苯肼、2,4-二硝基苯肼、亚硫酸氢钠等亲核试剂发生亲核加成反应,所得产物经适当处理可得到原来的醛和酮,这些反应可用于鉴别和分离醛和酮。亲核加成难易不仅与试剂的亲核性有关,也与羰基化合物的结构有关,羰基碳上正电性越大,空间位阻越小,越容易发生亲核加成反应。

(2) 乙醛和甲基酮在碱性溶液中,与碘作用,生成黄色碘仿,可用此反应鉴别乙醛和甲基酮。

(3) 醛和酮最大的区别就是对氧化剂的敏感性不同,醛易被弱氧化剂如多伦(Tollen)试剂,斐林(Fehling)试剂等氧化。而酮则不能被弱氧化剂氧化。我们可以利用这一特性来区别醛和酮。

【实验步骤】

(1) 醛、酮的亲核加成反应

1) 2,4-二硝基苯肼试验:取 1ml 2,4-二硝基苯肼试剂[1]于试管中,滴加 2 滴样品,振荡,静置片刻,观察现象。若无沉淀生成,可微热片刻,冷却后显微镜下观察现象。

样品:乙醛、丙酮、苯乙酮

2) 亚硫酸氢钠试验:取新配制的 1ml 亚硫酸氢钠饱和溶液[2]于试管中,加入 5 滴样品,用力振荡 2 分钟后于冰水浴中冷却数分钟[3],观察现象。

样品:丙酮、苯乙酮、环己酮

(2) 醛酮 α-H 的活泼性(碘仿反应):取样品 5 滴于试管中,加入 1ml 碘-碘化钾溶液[4],然后滴加 5% 氢氧化钠溶液至反应混合物的颜色退去为止。嗅其味,并观察现象。如无沉淀产生,则在 60℃ 水浴中加热数分钟,再观察结果。

样品:乙醛、乙醇、异丙醇、丙酮、苯乙酮。

(3) 区别醛酮的化学反应:

1) 多伦试验[5]:在洁净试管[6]中加 5% 硝酸银溶液 2ml,10% 氢氧化钠 1 滴,再滴加 2% 氨水溶液至沉淀刚刚完全溶解为止,即得多伦试剂,将此试剂分成 3 份,分别滴加样品 2 滴,摇匀后,将试管置于 50~60℃ 水浴锅加热几分钟,观察银镜的生成。试验完毕后,往有银镜的试管中加硝酸少许煮沸,洗去银镜后,再洗试管。

样品:甲醛、乙醛、丙酮。

2) 斐林试验:取斐林试剂(甲)和(乙)[7]各 10 滴于试管中,振荡混匀后,加入 5 滴样品,在沸水浴样品:甲醛、乙醛、丙酮。

3) 席夫试验:取10滴席夫试剂于试管中,滴加5滴样品,振荡摇匀,观察现象。

样品:甲醛、乙醛、丙酮。

【注意事项】

(1) 2,4-二硝基苯肼试剂的配制:见附录。

(2) 饱和亚硫酸氢钠溶液的配制:见附录。

(3) 如无沉淀析出,可用玻璃棒摩擦试管内壁或加2~3ml乙醇并摇匀,静止2~3分钟,再观察现象。

(4) 碘-碘化钾溶液的配制:2g碘和5g碘化钾溶于100ml水中。

(5) 多伦试剂久置后将形成氮化银沉淀,容易爆炸,故必须现配制。进行实验时,切忌用灯焰直接加热,以免发生危险。实验完毕,用稀硝酸洗去银镜。

(6) 要得到漂亮的银镜,与试管是否干净有很大关系。所用试管最好依次用硝酸、水和10%氢氧化钠洗涤,再用水和蒸馏水淋洗。

(7) 斐林试剂甲为5%硫酸铜溶液;乙为碱性酒石酸钾钠溶液。其配制方法见附录。由于氢氧化铜是沉淀,它直接与样品作用时反应不易完成。现有酒石酸钾钠存在,铜离子可与酒石酸盐络合,氢氧化铜沉淀溶解,形成深蓝色的溶液。这种络合物溶液不稳定,需在临用时配制。生成的产物Cu_2O则不会与酒石酸盐形成络合物。其中甲醛被氧化成甲酸后仍具有还原性,结果Cu_2O继续被还原成金属铜,呈暗红色粉末或铜镜析出。

【思考题】

(1) 碘仿反应可鉴别具有何种结构的物质?

(2) 如何用简单的化学方法鉴别环己烷、环己烯、环己醇、丁醛、苯甲醛和丙酮诸化合物?

实验五 羧酸及其衍生物的性质

【目的要求】

验证羧酸及其衍生物的性质,了解肥皂的制备原理及性质。

1. 羧酸的性质

【实验原理】

(1) 羧酸分子中由于羧基中羟基氧上的孤对电子和羰基形成p-π共轭效应,电子向羰基转移,增大了氢氧键极性,氢易以质子形式解离,故显酸性。不同结构的羧酸其酸性强弱不同。

(2) 羧酸一般不能氧化,但有些羧酸,如甲酸、草酸等,由于结构的特殊性,易被高锰酸钾氧化,所以具有还原性。

(3) 草酸在加热到一定程度时容易发生脱羧反应,可用石灰水加以检验。

【实验步骤】

(1) 酸性试验:将甲酸、乙酸各5滴及草酸0.2g分别溶于2ml水中,然后用洗净的玻璃棒分别蘸取相应的酸液在同一条刚果红试纸[1]上画线,比较各线条的颜色和深浅程度。

(2) 成盐反应:取0.2g苯甲酸晶体放入盛有1ml水的试管中,加入10%的氢氧化钠数滴,振荡并观察现象。然后再加10%的盐酸数滴,振荡并观察现象。

(3) 氧化反应:在三支试管中分别放置0.5ml甲酸、乙酸以及由0.2g草酸和1ml水所配成的溶液,然后分别加入1ml(1:5)的稀硫酸和2~3ml 0.5%的高锰酸钾溶液,加热至沸,观察现象,比较速率。

(4) 脱羧反应:在装有导气管的干燥硬质大试管中,放入固体草酸少许,将试管稍微倾斜,夹在铁架上,然后加热,导气管插入另一盛有饱和石灰水的小试管中,观察石灰水的变化。

【注意事项】

(1) 刚果红试纸适用于酸性物质的指示剂,变色范围 pH 为 3~5。刚果红与弱酸作用显蓝黑色,与强酸作用显稳定的蓝色,遇碱则又变红。

(2) 皂化是否完全的测定:取几滴皂化液于一试管中,加 2ml 蒸馏水,加热并不断振荡。若此时无油滴分出表示皂化已经完全。

2. 羧酸衍生物的性质

【实验原理】

羧酸衍生物分子中都含有酰基,所以都可以发生水解、醇解和氨解反应,生成羧酸、酯和酰胺。反应速率:酰卤>酸酐>酯>酰胺。

【实验步骤】

(1) 水解反应:

1) 酰卤水解:取 1ml 水于试管中,加入 4 滴乙酰氯,观察现象。在水解后的溶液中滴加 5%硝酸银 2 滴,有何现象发生?

2) 酸酐水解:取 1ml 水于试管中,加入 5 滴乙酸酐,先勿摇,观察后振摇,微热,嗅其味。

(2) 醇解反应:

1) 酰卤醇解:取 1ml 无水乙醇于干燥试管中,沿管壁慢慢滴入 10 滴乙酰氯溶液(反应过猛,可将试管浸入冷水中)。加 2ml 水,用 20% Na_2CO_3 溶液中和反应液至中性,嗅其味。

2) 酸酐醇解:取 0.5ml 乙酸酐于干燥试管中,加 1ml 无水乙醇,水浴加热至沸,冷却后用 10%氢氧化钠中和至对石蕊试纸呈弱碱性,嗅其味。

(3) 氨解反应:

1) 酰卤氨解:取 5 滴苯胺于干燥试管中,慢慢滴入 5 滴乙酰氯,待反应结束后,加入 5ml 水,观察现象。

2) 酸酐氨解:取 5 滴苯胺于干燥试管中,加入 10 滴乙酸酐,混合,加热至沸,冷却后,加入 2ml 水,观察现象(若无晶体析出可用玻璃棒摩擦试管内壁)。

3. 油脂的性质

【实验原理】

油脂是各种高级脂肪酸的甘油酯的混合物。在室温条件下呈液态的是油,呈固态的是脂。构成油的高级脂肪酸多系油酸、亚油酸、亚麻酸等不饱和脂肪酸。而构成脂的高级脂肪酸多系月桂酸、软脂酸、硬脂酸等饱和脂肪酸。油脂可以发生水解、加成等反应。

【实验步骤】

(1) 油脂的不饱和性:取 0.2g 熟猪油和 3~4 滴豆油分别溶于 1~2ml 四氯化碳溶液中,同时逐滴加入 3%溴的四氯化碳溶液,并随加振荡,观察变化,比较结果。

(2) 油脂的皂化:取 1ml 豆油,3ml 95%乙醇和 3ml 40%氢氧化钠溶液于一大试管内,摇匀后在沸水浴中加热煮沸。待试管中的反应物成一相后,继续加热 10 分钟左右,并随即振荡。皂化完全后[1],将制得的黏稠液体倒入盛有 15~20ml 温热的饱和食盐水的小烧杯中,不断搅拌,肥皂逐渐凝固析出,用玻璃棒将制得的肥皂取出。

(3) 肥皂的性质:取以上制得的肥皂少许,溶于 20ml 蒸馏水中,供下列各项试验用。

1) 脂肪酸的析出:取 10ml 肥皂液于试管中,加 1:5 的稀硫酸至酸性,沸水浴中加热,则有油状的脂肪酸析出。取出少许,滴加溴的四氯化碳溶液,观察现象。

2) 钙离子与肥皂的作用:取 3ml 肥皂液于试管中,加 2~3 滴 10%氯化钙溶液,观察现象。

【思考题】

(1) 甲酸、乙酸、草酸哪一个酸性强?为什么?

(2) 甲酸和草酸为什么具有还原性。
(3) 比较酰卤和酸酐的水解、醇解、氨解的反应活性。

实验六　水杨酸及乙酰乙酸乙酯的性质

【目的要求】
了解酚酸和乙酰乙酸乙酯的性质。
【实验原理】
(1) 苯环上同时连有羟基和羧基的化合物称为酚酸,它兼有芳酸和酚的性质。此时羧基由于受到羟基的影响而变得较活泼,加热易脱羧分解放出二氧化碳。
(2) 乙酰乙酸乙酯是两种互变异构体(酮式和烯醇式)的平衡混合物,在常温下可以互相转变产生互变异构现象。其中酮式具有羰基的性质,而烯醇式具备 C=C 和 —OH 的典型性质。
(3) 邻苯二甲酸酐可与酚类缩合生成酞类,这一性质常用来鉴定酚。
【实验步骤】
(1) 水杨酸的性质:取水杨酸少许加蒸馏水 5ml,制成饱和溶液备用。
1) 取水杨酸饱和溶液 1ml,加 1%三氯化铁溶液 2 滴,观察颜色。
2) 取水杨酸饱和溶液 1ml,逐滴加入饱和溴水,观察结果。
3) 取水杨酸饱和溶液 1ml,加 0.5%高锰酸钾溶液 2 滴,观察结果。
(2) 乙酰乙酸乙酯的互变异构现象:
1) 取 2,4-二硝基苯肼 10 滴,加 1%乙酰乙酸乙酯溶液 2~3 滴,观察结果。
2) 取 1%乙酰乙酸乙酯的乙醇溶液 5 滴,加入 1%三氯化铁溶液 1 滴,则见有紫红色出现,这表明分子中有烯醇式结构。在此溶液中滴加饱和溴水 2~3 滴,紫色消失。因为溴在双键处加成,使烯醇式结构消失,但稍待片刻,颜色又重复出现,这是因为酮式的乙酰乙酸乙酯又有一部分变为烯醇式所致。
(3) 酚酞的形成与性质:取 0.05g 粉末状的邻苯二甲酸酐于干燥试管中,加入 0.1g 苯酚,搅匀后,滴加浓硫酸 3 滴,小心加热待混合物熔化并有气泡放出时,停止加热,稍冷却后,加入 95%乙醇溶液 10 滴,搅拌(酚酞在水中的溶解度极小,用乙醇将其溶解),加水 3ml,混匀,静置,倾出水溶液,滴加 10%氢氧化钠溶液数滴,呈什么颜色? 再滴加稀硫酸,有什么变化?

实验七　氨基酸、蛋白质的性质

【目的要求】
验证氨基酸、蛋白质的某些重要性质。
【实验原理】
(1) 蛋白质是生物体尤其是动物体的基本组成物质。蛋白质是由 α-氨基酸组成的,α-氨基酸和茚三酮反应产生蓝紫色,是检验 α-氨基酸的一种常用显色反应。
蛋白质分子中具有许多肽键,当其在碱性水溶液中与少量硫酸铜相遇时,即显紫色或紫红色,此称为缩二脲反应,α-氨基酸不起缩二脲反应。
蛋白质中存在含有苯环的氨基酸(苯丙氨酸、酪氨酸等)。当浓硝酸作用于这些氨基酸的苯环,则苯环被硝化生成黄色的硝基化合物。此黄色物质遇碱即形成盐,而显橙色。这个反应称黄蛋白反应。
(2) 蛋白质在物理与化学因素的作用下,可引起内部结构改变而发生变性或析出沉淀。蛋白质遇热则发生凝固。蛋白质与重金属盐和生物碱沉淀试剂生成难溶性的蛋白盐。
【实验步骤】
(1) 茚三酮反应:取 1% α-氨基酸[1]和鸡蛋白溶液[2]各 1ml,分别滴加 1%茚三酮溶液 2~3 滴,在沸水中加热10～15分钟,观察有什么现象。

(2) 缩二脲反应:取1%α-氨基酸和鸡蛋白溶液各1ml,分别加入2ml 10%氢氧化钠溶液,再滴加0.5%硫酸铜3～5滴,观察现象,必要时放置15～20分钟再行观察。

(3) 黄蛋白反应:取1ml鸡蛋白溶液于试管中,加入3～5滴浓硝酸,加热煮沸1～2分钟,观察现象。冷却反应物,滴加20%氢氧化钠溶液1～2ml,观察现象。

(4) 蛋白质的变性试验:取2ml鸡蛋白溶液于试管中,水浴加热几分钟,注意其状态变化。冷却后加水,振荡,观察现象。

(5) 重金属盐沉淀蛋白质:于3支试管中,各加鸡蛋白溶液0.5ml,分别滴入0.5%氯化汞溶液,1%乙酸铅溶液,5%硝酸银溶液5～6滴,观察有无沉淀生成。

【注意事项】
(1) α-氨基酸可用味精(谷氨酸钠)来代替。
(2) 鸡蛋白溶液的配制:将除去蛋黄的鸡蛋清与20倍体积的水混合即可。

【思考题】
(1) 氨基酸与茚三酮反应的原理是什么?
(2) 为什么鸡蛋清可用作铅中毒和汞中毒的解毒剂?

实验八 糖 的 性 质

【目的要求】
验证和巩固糖类物质的主要化学性质,掌握糖类物质的鉴别方法。

【实验原理】
糖通常分为单糖、低聚糖和多糖,又可分为还原糖和非还原糖。前者含有半缩醛(酮)的结构,能被斐林试剂、班氏(Benedict)试剂和多伦试剂氧化,具有还原性。而后者不能被以上试剂氧化,没有还原性。

鉴别糖类物质的定性反应是Molish反应,即在浓硫酸作用下,糖与α-萘酚缩合生成紫色环。酮糖能与间苯二酚/浓盐酸作用而很快显色,此反应称为西里瓦诺夫(Seliwanoff)试验;醛糖无此特性,故可用这一反应区别醛糖和酮糖。淀粉的碘试验是鉴定淀粉的一个很灵敏的方法。

此外,用糖脎生成的时间、晶形以及糖类物质的比旋光度等鉴定糖类物质都具一定的意义。

多糖是由很多个单糖缩合而成的,它不具有单糖的性质,但经彻底水解后,就具有单糖的性质。

【实验步骤】
(1) Molish试验:取三支试管标号后,分别加入1ml 5%样品溶液,各加4滴5% α-萘酚的乙醇溶液,混合均匀后把试管倾斜45°,沿管壁慢慢加入1ml浓硫酸(勿摇动),硫酸在下层,溶液在上层,看两液面交界处是否出现紫色环。

(2) 西里瓦诺夫试验:取三支试管,分别加入1ml 5%糖水溶液,各加间苯二酚溶液[1] 2ml,混匀,在沸水浴上加热1～2分钟,观察颜色有何变化。
样品:葡萄糖、果糖、蔗糖。

(3) 斐林试验:取5支试管,标号后,加入斐林试剂甲和乙[2]各10滴,摇匀,分别各加入5%的样品溶液10滴,于水浴中微热后,注意颜色的变化,观察有否沉淀析出。
样品:葡萄糖、果糖、蔗糖、淀粉、麦芽糖。

(4) 多伦试验:在洁净试管中加5%硝酸银溶液3ml,10%氢氧化钠溶液1滴,再滴加2%氨水溶液至沉淀刚刚完全溶解为止,即得多伦试剂[3],将此试剂分成五份,分别滴加样品0.5ml,摇匀后,将试管置于50～60℃水浴锅加热几分钟,观察银镜的生成。试验完毕后,往有银镜的试管中加硝酸少许煮沸,洗去银镜后,再洗试管。

(5) 糖脎的生成:取1ml 5%糖溶液于试管中,加入2ml 5%苯肼试剂,在沸水浴中加热并不断振摇,冷却并观察现象,比较产生糖脎的速率,记录成脎的时间,并在显微镜下观察糖脎的晶形(注意药品量要准确,且同步进行试验)(部分糖脎的晶形见图5-2)。

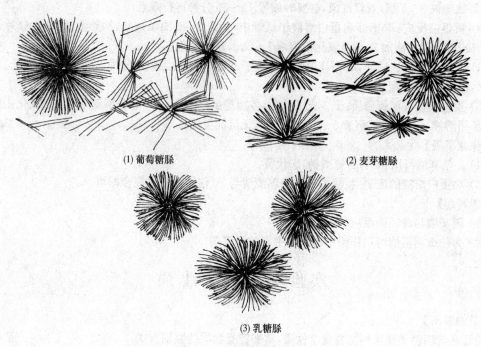

(1) 葡萄糖脎　(2) 麦芽糖脎

(3) 乳糖脎

图 5-2　部分糖脎的晶形

为了便于比较生成糖脎所需时间,药品量要准确,并要同时进行。

样品:葡萄糖、果糖、蔗糖、麦芽糖。

(6) 淀粉水解:取 3ml 5%淀粉溶液于试管中,加入 0.5ml 稀硫酸,于沸水浴中加热 5 分钟,冷却后用 10%氢氧化钠中和至中性。取此溶液 5 滴与斐林试剂作用,观察现象。

(7) 淀粉与碘作用:取 10 滴 1%淀粉溶液于试管中,加 1 滴碘试液,溶液立即出现蓝色,将试管放入沸水浴中加热 5~10 分钟,观察有何现象发生。然后取出试管,放置冷却。又有何变化?为什么?

(8) 旋光度测定:用旋光仪测定糖溶液的旋光度,计算比旋光度。

【注意事项】

(1) 间苯二酚溶液的配制:见附录五。

(2) 斐林试剂甲为 5%硫酸铜溶液;乙为碱性酒石酸钾钠溶液。

(3) 多伦试剂配制:见附录五。

【思考题】

(1) 在糖类的还原性试验中,蔗糖与多伦试剂等长时间加热时,有时也得阳性结果,如何解释此现象?

(2) 如何鉴别葡萄糖、果糖、蔗糖和淀粉?

实验九　胺和酰胺的性质

【目的要求】

掌握脂肪胺、芳香胺和酰胺的化学反应,用简单的化学方法区别第一、第二和第三胺。

【实验原理】

(1) 胺是一类碱性有机化合物。这是因为胺的氮原子上有孤对电子,可以接受质子形成盐。其碱性强度大小,取决于电子效应、溶剂化效应和空间效应,一般情况下,碱性是脂肪胺大于芳香胺。

(2) 伯胺和仲胺分子中氮原子上连有氢原子,可以和酰卤、酸酐发生酰化反应,而叔胺则不起反应。通常利用磺酰化(Hinsberg)反应区别或分离伯、仲、叔胺。

(3) 芳香胺都能与亚硝酸发生反应,伯胺在酸性和低温条件下,发生重氮化反应,仲胺生成 N-亚硝基胺,叔胺与亚硝酸作用,反应发生在苯环上,生成对亚硝基化合物。

芳香伯胺与亚硝酸作用生成的重氮盐能与酚或芳胺发生偶合反应,生成有颜色的偶氮化合物。

(4) 叔胺与卤代烃作用生成季铵盐。

(5) 苯胺氮上的孤对电子和苯环形成 p-π 共轭体系,使苯环上电子云密度增大,很容易发生亲电取代反应。如和溴水作用,生成 2,4,6-三溴苯胺的白色沉淀。

(6) 酰胺很容易水解,与水共热即生成相应的酸和氨,酸碱的存在可加速反应,并生成不同的产物。

【实验步骤】

(1) 碱性:在两支试管中分别放入二乙胺、苯胺各 1 滴,各加 0.5ml 水,分别用 pH 试纸试之,比较它们的碱性强弱。

在上面的苯胺乳浊液中,滴加 1~2 滴浓盐酸,振荡后观察结果。

(2) 苯胺的溴代反应:取苯胺 1 滴于试管中,加水 2ml 使其溶解,滴加饱和溴水,观察现象。

(3) 磺酰化反应:分别取苯胺、N-甲基苯胺和 N,N-二甲基苯胺的样品 0.5ml 于入三支试管中,再各加入 5ml 10％氢氧化钠液和 10 滴苯磺酰氯,塞住管口用力振荡 3 分钟,拿下塞子,在水浴中温热至苯磺酰氯气味消失为止,冷却溶液,用试纸检查是否呈碱性,若不呈碱性,应加氢氧化钠使呈碱性。观察现象。若再用浓盐酸酸化,结果又怎样?

(4) 芳香仲胺、叔胺与亚硝酸反应:

1) 取 0.1g 二苯胺,溶于 1~2ml 乙醇中,在冰水浴中冷却至 0℃,搅拌下滴入 2 滴浓盐酸,再加 10％亚硝酸钠溶液至反应物呈现浑浊状,即有黄色油状物析出,搅拌,冷却,观察现象。

2) 取 4 滴 N,N-二甲基苯胺,加 0.5ml 浓盐酸和 0.5ml 水,混合物用冰水冷却,振摇下慢慢加入已经冷却的 10％亚硝酸钠溶液 1ml,观察现象。

在反应混合物中滴加 10％氢氧化钠溶液至碱性,观察颜色变化,煮沸 2~3 分钟,就有特殊恶臭的二甲胺气体逸出[1],用湿润的红色石蕊试纸试之。

(5) 重氮化反应和偶合反应:取苯胺 10 滴,加 15 滴水和 15 滴浓盐酸,将试管放在冰水中冷却至 0~5℃,徐徐加入 10％亚硝酸钠溶液,随时加以搅拌(注意保持温度在 5℃以下),直到反应液对淀粉碘化钾试纸呈现蓝色为止,放置 5 分钟,即得重氮盐溶液,保存在冷却剂中。

取重氮盐溶液 1ml,加 3 滴苯酚碱性溶液,振荡,观察现象。

(6) 季铵盐的生成:在干燥试管中,加入 4 滴 N,N-二甲基苯胺,再加碘甲烷 6 滴,振摇,塞住管口,放置约 20 分钟,观察有无黄色晶体生成;加水后,季铵盐溶于水中。

(7) 苯胺的溴代反应:取苯胺 2~3 滴,加水 2~3ml,振荡,使其全部溶解,滴加饱和溴水,观察现象。

(8) 酰胺的水解:

1) 酸性水解:取 0.2g 乙酰胺,加 10％硫酸溶液 2ml,加热至微沸,嗅之是否有乙酸味,用蓝色石蕊试纸在试管口试之。

2) 碱性水解:取 0.1g 乙酰胺,加 10％氢氧化钠溶液 1ml,加热至沸,嗅之是否有氨的气味,用红色石蕊试纸在试管口试之。

【注意事项】

(1) 反应式如下:

$$ON-C_6H_4-N(CH_3)_2 \xrightarrow[\Delta]{NaOH} ON-C_6H_4-HN(CH_3)_2 \uparrow$$

【思考题】
(1) 二乙胺和苯胺的碱性何者较强？如何解释？
(2) 若用脂肪胺与亚硝酸反应，现象和芳香胺有什么差别？
(3) 苯胺的重氮盐为什么要保存在冰水浴中，温度升高会产生什么现象？

5.2 分子模型实验

分子模型实验是用模型来表示分子内各种化学键之间的正确角度以及分子中各原子或基团在三维空间的相对关系。这种模型不能准确地表示分子中原子的相对大小，原子核间的精确距离等，但能帮助我们了解有机化合物的立体结构。特别是在学习立体化学时，能帮助我们辨别分子中原子在空间的各种排列情况；帮助我们理解这些立体模型在纸平面上的表示方法；进而帮助我们复习掌握课堂上学习到的立体化学基础知识。

实验十 顺反异构模型实验

【目的要求】
(1) 通过模型实验掌握有机化合物分子产生顺反异构的结构特征。
(2) 掌握顺反异构体的构型表示法。

【实验步骤】
请按要求制作相应的分子模型，并简要回答下列思考题。
(1) 制作丙烯的分子模型。
(2) 制作1,2-二氯乙烯顺反异构体的分子模型。
(3) 制作2,4-己二烯顺反异构体的分子模型。
(4) 制作1,4-二甲基环己烷的分子模型。

【思考题】
(1) 丙烯有顺反异构体吗？为什么？
(2) 产生顺反异构需要什么条件？
(3) 1,2-二氯乙烯的两个模型可以重叠吗？画出这两个模型代表的化合物的结构式，并标定其构型。
(4) 不断裂分子中的任何化学键，1,2-二氯乙烯的两个模型可以相互转变吗？
(5) 2,4-己二烯有几个顺反异构体？分别画出其结构式，并标定其构型。

实验十一 对映异构模型实验

【目的要求】
(1) 了解对映体、非对映体、内消旋体的立体形象以及它们构型的差异。
(2) 掌握 R/S 构型表示法。
(3) 掌握费歇尔投影式的投影及使用方法。

【实验步骤】
请按要求制作相应的分子模型，并简要回答下列思考题。
(1) 制作乳酸的立体异构体的模型。
(2) 制作丁醛糖的立体异构体模型。
(3) 制作酒石酸的立体异构体模型。
(4) 制作2,3-戊二烯的立体异构体模型。

【思考题】
(1) 乳酸有几个对映异构体？分别按规则画出其费歇尔投影式，注明 D/L 及 R/S 构型。

(2) 乳酸的几个对映异构体的模型间可相互重叠吗？拿出一种乳酸的模型，尝试一下在纸上可画出多少种费歇尔投影式？理解费歇尔投影式转换的几种允许和禁止。

(3) 丁醛糖有几个对映异构体？画出其费歇尔投影式，分别注明 D/L 及 R/S 构型。哪些模型间是对映体、非对映体、差向异构体？哪些模型是赤型或苏型结构？

(4) 酒石酸有几个对映异构体？相互间属于什么关系？内消旋酒石酸有什么对称因素？内消旋体与外消旋体有何不同？

(5) 2,3-戊二烯有无手性碳原子？其立体异构的模型是手性的吗？其模型中可找到何种对称因素？这些模型相互间属于什么关系？

实验十二 构象异构模型实验

【目的要求】
(1) 通过乙烷、正丁烷构象变化的情况，了解开链分子的构象异构。
(2) 掌握环己烷及其衍生物的构象异构现象。
(3) 掌握费歇尔投影式与纽曼投影式的相互转换。

【实验步骤】
请按要求制作相应的分子模型，并简要回答下列思考题。
(1) 制作乙烷的分子模型，观察其各种构象。
(2) 制作正丁烷的分子模型，观察其各种构象。
(3) 制作环己烷的分子模型，观察其各种构象，并尝试通过键的扭动实现构象间的转换。
(4) 制作顺、反 1,2-二甲基环己烷的分子模型，观察其各种构象。
(5) 制作 D-赤藓糖的分子模型，观察其各种构象。

【思考题】
(1) 画出乙烷交叉式和重叠式构象的锯架式和纽曼投影式。指出乙烷的优势构象是哪种。

(2) 从稳定的对位交叉式构象为 0°开始，通过 C_2—C_3 键相对旋转 360°，画出正丁烷各种构象的能量变化曲线，并用纽曼投影式标出相应构象在这一曲线中的位置。

(3) 正丁烷的构象模型中有具有手性的吗？是哪几种？为什么正丁烷实际上没有旋光性？

(4) 环己烷的椅式和船式构象哪种更稳定？为什么？

(5) 什么是转环作用？发生转环作用后 a、e 键发生什么变化？在什么情况下不能发生转环作用？

(6) 1,2-二取代环己烷的顺式和反式异构体哪一种更稳定些？为什么？

(7) 画出 D-赤藓糖几种典型构象的纽曼投影式。与费歇尔投影式比较，明确投影式之间如何转换。

附 录

附录一　常用化学元素相对原子质量

名称	符号	相对原子质量	名称	符号	相对原子质量
氢	H	1.007 94	铁	Fe	55.845
氦	He	4.002 602	钴	Co	58.933 20
锂	Li	6.941	镍	Ni	58.693 4
铍	Be	9.012 182	铜	Cu	63.546
硼	B	10.811	锌	Zn	65.39
碳	C	12.011	镓	Ga	69.732
氮	N	14.006 74	锗	Ge	72.61
氧	O	15.999 4	砷	As	74.921 59
氟	F	18.998 403 2	硒	Se	78.96
氖	Ne	20.179 7	溴	Br	79.904
钠	Na	22.989 768	氪	Kr	83.80
镁	Mg	24.305 0	银	Ag	107.868 2
铝	Al	26.981 539	镉	Cd	112.411
硅	Si	28.085 5	铟	In	114.818
磷	P	30.973 762	锡	Sn	118.710
硫	S	32.066	锑	Sb	121.760
氯	Cl	35.452 7	碲	Te	127.60
氩	Ar	39.948	碘	I	126.904 47
钾	K	39.098 3	氙	Xe	131.29
钙	Ca	40.078	铯	Cs	132.905 43
钪	Sc	44.955 910	钡	Ba	137.327
钛	Ti	47.867	铂	Pt	195.08
钒	V	50.941 5	金	Au	196.966 54
铬	Cr	51.996 1	汞	Hg	200.59
锰	Mn	54.938 05	铅	Pb	207.2

附录二　常用酸碱溶液的密度和浓度表

盐酸

质量百分数	密度 d_4^{20}	g/100ml	质量百分数	密度 d_4^{20}	g/100ml	质量百分数	密度 d_4^{20}	g/100ml
1	1.003 2	1.003	14	1.067 5	14.95	28	1.139 2	31.90
2	1.008 2	2.006	16	1.077 6	17.24	30	1.149 2	34.48
4	1.018 1	4.007	18	1.087 8	19.58	32	1.159 3	37.10
6	1.027 9	6.167	20	1.098 0	21.96	34	1.169 1	39.75
8	1.037 6	8.301	22	1.108 3	24.38	36	1.178 9	42.44
10	1.047 4	10.47	24	1.118 7	26.85	38	1.188 5	45.16
12	1.057 4	12.69	26	1.129 0	29.35	40	1.198 0	47.92

注：质量百分数为 HCl 质量百分数；g/100ml 为 100ml 水溶液含 HCl 的 g 数。

硫酸

质量百分数	密度 d_4^{20}	g/100ml	质量百分数	密度 d_4^{20}	g/100ml	质量百分数	密度 d_4^{20}	g/100ml
1	1.005 1	1.005	30	1.218 5	36.56	93	1.827 9	170.2
2	1.011 8	2.024	40	1.302 8	52.11	94	1.831 2	172.1
3	1.018 4	3.055	50	1.395 1	69.76	95	1.833 7	174.2
4	1.025 0	4.100	60	1.498 3	89.90	96	1.835 5	176.2
5	1.031 7	5.159	70	1.610 5	112.7	97	1.836 4	178.1
10	1.066 1	10.66	80	1.727 2	138.2	98	1.836 1	179.9
15	1.102 0	16.53	90	1.814 4	163.3	99	1.834 2	181.6
20	1.139 4	22.79	91	1.819 5	165.6	100	1.830 5	183.1
25	1.178 3	29.46	92	1.824 0	167.8			

注:质量百分数为 H_2SO_4 质量百分数;g/100ml 为 100ml 水溶液含 H_2SO_4 的 g 数。

发烟硫酸

SO_3 质量百分数	密度 d_4^{20}	g/100ml	SO_3 质量百分数	密度 d_4^{20}	g/100ml	SO_3 质量百分数	密度 d_4^{20}	g/100ml
10	1.800	83.46	50	2.000	90.81	90	1.990	98.16
20	1.920	85.30	60	2.020	92.65	100	1.984	100.0
30	1.957	87.14	70	2.018	94.48			

注:含游离 SO_3 0~30%在15℃为液体;含游离 SO_3 30%~56%在15℃为固体;含游离 SO_3 56%~73%在15℃为液体;含游离 SO_3 73%~100%在15℃为固体。

硝酸

HNO_3 质量百分数	密度 d_4^{20}	g/100ml	HNO_3 质量百分数	密度 d_4^{20}	g/100ml	HNO_3 质量百分数	密度 d_4^{20}	g/100ml
1	1.003 6	1.004	40	1.246 3	49.85	91	1.485 0	135.1
2	1.009 1	2.018	45	1.278 3	57.52	92	1.487 3	136.8
3	1.014 6	3.044	50	1.310 0	65.50	93	1.489 2	138.6
4	1.020 1	4.080	55	1.339 3	73.66	94	1.491 2	140.2
5	1.025 6	5.128	60	1.366 7	82.00	95	1.493 2	141.9
10	1.054 3	10.54	65	1.391 3	90.43	96	1.495 2	143.5
15	1.084 2	16.26	70	1.413 4	98.94	97	1.497 4	145.2
20	1.115 0	22.30	75	1.433 7	107.5	98	1.500 8	147.1
25	1.146 9	28.57	80	1.452 1	116.2	99	1.505 6	149.1
30	1.180 0	35.40	85	1.468 6	124.8	100	1.512 9	151.3
35	1.214 0	42.49	90	1.482 6	133.4			

注:g/100ml 为 100ml 水溶液含 HNO_3 的 g 数。

乙酸

质量百分数	密度 d_4^{20}	g/100ml	质量百分数	密度 d_4^{20}	g/100ml	质量百分数	密度 d_4^{20}	g/100ml
1	0.999 6	0.999 6	40	1.048 8	41.95	91	1.065 2	96.93
2	1.001 2	2.002	45	1.053 4	47.40	92	1.064 3	97.93
3	1.002 5	3.008	50	1.057 5	52.88	93	1.063 2	98.88
4	1.004 0	4.016	55	1.061 1	58.36	94	1.061 9	99.82
5	1.005 5	5.028	60	1.064 2	63.85	95	1.060 5	100.7
10	1.012 5	10.13	65	1.066 6	69.33	96	1.058 8	101.6
15	1.019 5	15.29	70	1.068 5	74.80	97	1.057 0	102.5
20	1.026 3	20.53	75	1.069 6	80.22	98	1.054 9	1.304
25	1.032 6	25.82	80	1.070 0	85.60	99	1.052 4	104.2
30	1.038 4	31.15	85	1.068 9	90.86	100	1.049 8	105.0
35	1.043 8	36.53	90	1.066 1	95.95			

注:质量百分数为 CH_3COOH 质量百分数;g/100ml 为 100ml 水溶液含 CH_3COOH 的 g 数。

氢氧化钠溶液

质量百分数	密度 d_4^{20}	g/100ml	质量百分数	密度 d_4^{20}	g/100ml	质量百分数	密度 d_4^{20}	g/100ml
1	1.009 5	1.010	20	1.219 1	24.38	40	1.430 0	57.20
5	1.053 8	5.269	26	1.284 8	33.40	46	1.487 3	68.42
10	1.108 9	11.09	30	1.327 9	39.84	50	1.525 3	76.27
16	1.175 1	18.80	35	1.379 8	48.31			

氨水

NH_3 质量百分数	密度 d_4^{20}	g/100ml	NH_3 质量百分数	密度 d_4^{20}	g/100ml	NH_3 质量百分数	密度 d_4^{20}	g/100ml
1	0.993 9	9.94	12	0.950 1	114.0	24	0.910 4	218.4
2	0.989 5	19.79	14	0.943 3	132.0	26	0.904 0	235.0
4	0.981 1	39.24	16	0.936 2	149.8	28	0.898 0	251.4
6	0.973 0	58.38	18	0.929 5	167.3	30	0.892 0	267.6
8	0.965 1	77.21	20	0.922 9	184.6			
10	0.957 5	95.75	22	0.916 4	201.69			

碳酸钠

质量百分数	密度 d_4^{20}	g/100ml	质量百分数	密度 d_4^{20}	g/100ml	质量百分数	密度 d_4^{20}	g/100ml
1	1.008 6	1.009	8	1.081 6	8.653	16	1.168 2	18.50
2	1.019 0	2.038	10	1.102 9	11.03	18	1.190 5	21.33
4	1.039 8	4.159	12	1.124 4	13.49	20	1.213 2	24.26
6	1.060 6	6.364	14	1.146 3	16.05			

附录三 水的蒸气压力表

温度℃	蒸气压(kPa)	温度℃	蒸气压(kPa)	温度℃	蒸气压(kPa)	温度℃	蒸气压(kPa)	温度℃	蒸气压(kPa)	温度℃	蒸气压(kPa)
0	0.609	10	1.225	20	2.332	30	4.233	60	19.868	94	81.250
1	0.655	11	1.309	21	2.480	31	4.481	65	24.943	95	84.309
2	0.794	12	1.399	22	2.637	32	4.743	70	31.082	96	87.463
3	0.749	13	1.494	23	2.802	33	5.018	75	38.450	97	90.715
4	0.811	14	1.594	24	2.976	34	5.306	80	47.228	98	94.067
5	0.870	15	1.701	25	3.160	35	5.609	85	57.669	99	97.521
6	0.933	16	1.813	26	3.353	40	7.358	90	69.926	100	101.080
7	0.999	17	1.932	27	3.556	45	9.560	91	72.625		
8	1.070	18	2.058	28	3.770	50	12.304	92	75.410		
9	1.073	19	2.191	29	3.996	55	15.699	93	78.284		

附录四 常用有机溶剂沸点、密度表

名称	沸点(℃)	密度 d_4^{20}	名称	沸点(℃)	密度 d_4^{20}
甲醇	64.96	0.7914	苯	80.10	0.8787
乙醇	78.50	0.7893	甲苯	110.6	0.8669
正丁醇	117.25	0.8098	二甲苯	140.0	
乙醚	34.51	0.7138	硝基苯	210.8	1.2037
丙酮	56.2	0.7899	氯苯	132.0	1.1058
乙酸	117.9	1.0492	氯仿	61.70	1.4832
乙酐	139.55	1.0820	四氯化碳	76.54	1.5940
乙酸乙酯	77.06	0.9003	二硫化碳	46.25	1.2632
乙酸甲酯	57.00	0.9330	乙腈	81.60	0.7854
丙酸甲酯	79.85	0.9150	二甲亚砜	189.0	1.1014
丙酸乙酯	99.10	0.8917	二氯甲烷	40.00	1.3266
二氧六环	101.1	1.0337	1,2-二氯乙烷	83.47	1.2351

附录五 化学试剂常用规格

规格等级	缩写	瓶签颜色	适用范围
优级纯(一级品)	GR	绿色	纯度极高,适用于精密分析和科研测定工作
分析纯(二级品)	AR	红色	纯度很高,适用于一般分析及科研工作
化学纯(三级品)	CP	蓝色	纯度较高,适用于一般化学实验和合成制备
实验试剂(四级品)	LR	黄色	纯度较差,适用于教学的一般化学实验,或作为科研工作中的辅助试剂

附录六 常用有机试剂的配制

(1) 饱和亚硫酸氢钠溶液:在 100ml 40%亚硫酸氢钠溶液中,加入不含醛的无水乙醇 25ml,混合后如有少量的亚硫酸氢钠晶体析出,必须滤去。此溶液不稳定,容易被氧化和分解,因此不能保存很久,宜实验前配制。

(2) 卢卡斯(Lucas)试剂:把 34g 熔融过的无水氯化锌溶解在 23ml 浓盐酸中,配制时必须加以搅动,并把容器放在冰水浴中冷却,以防氯化氢逸出。卢卡斯试剂一般仅适用己醇以下的低级一元醇。

(3) 多伦(Tollen)试剂:取 1ml 5%硝酸银溶液于一洁净试管中,加入 1 滴 10%氢氧化钠溶液,然后滴加 2%氨水,随加随振荡,直至沉淀刚好溶解为止。

配制多伦试剂时应防止加入过量的氨水,否则将生成雷酸银(AgONC),受热后将引起爆炸,试剂本身即失去灵敏性。

多伦试剂久置后将析出黑色的氮化银 Ag_3N 沉淀,它受震动时分解发生猛烈爆炸,有时潮湿的氮化银也能引起爆炸,因此多伦试剂必须现用现配。

(4) 斐林(Fehling)试剂:斐林试剂甲:将 34.6g 硫酸铜晶体($CuSO_4 \cdot 5H_2O$)溶于 500ml 水中,混浊时过滤。

斐林试剂乙:称取酒石酸钾钠 173g,氢氧化钠 70g 溶于 500ml 水中。

此两种溶液要分别存放,使用时取等量的试剂甲和试剂乙混合即可。

(5) 班氏(Benediet)试剂:取硫酸铜晶体($CuSO_4 \cdot 5H_2O$)17.3g 溶于 100ml 水中,另取枸橼酸钠173g、无水碳酸钠 100g 溶于 700ml 水中。将上述两种溶液合并,用水稀释至 1000ml。

(6) 席夫(Schiff)试剂:方法一:在 100ml 热水里溶解 0.2g 品红盐酸盐(也称碱性品红或盐基品红)。放置冷却后,加入 2g 亚硫酸氢钠和 2ml 浓盐酸,再用蒸馏水稀释到 200ml。方法二:取 0.5g品红盐酸盐溶于 500ml 蒸馏水中,使其全部溶解。另取 500ml 蒸馏水通入二氧化硫使其饱和。将两种溶液混合均匀,静置过滤,应呈无色溶液,存于密闭的棕色瓶中。

(7) α-萘酚乙醇试剂:取 α-萘酚 10g 溶于 20ml 95%乙醇中,再用 95%乙醇稀释至 100ml。用前配制。

(8) β-萘酚溶液:取 4g β-萘酚溶于 40ml 5%的氢氧化钠溶液中。

(9) 西里瓦诺夫(Seliwanoff)试剂:取间苯二酚 0.05g 溶于 50ml 浓盐酸中,再用水稀释至100ml。用前配制。

(10) 高碘酸-硝酸银试剂:将 25g 12%的高碘酸钾溶液与 2ml 浓硝酸、2ml 10%硝酸银溶液混合均匀,如有沉淀,过滤后取透明液体备用。

(11) 钼酸铵试剂:取 10g 晶体钼酸铵溶于 200ml 冷水中,加入 75ml 浓硝酸搅拌均匀即可使用。

(12) 碘化汞钾(K_2HgI_4)试剂:把 5%碘化钾溶液逐滴加入到 10ml 5%氯化汞溶液中,边加边搅拌,加至初生成的红色沉淀(HgI_2)完全溶解为止。

(13) 铬酸试剂:将 20g 三氧化铬(CrO_3)加到 20ml 浓硫酸中,搅拌成均匀糊状,然后将糊状物小心地倒入 60ml 蒸馏水中,搅拌均匀得到橘红色澄清透明溶液。

(14) 氯化亚铜氨溶液:取 1g 氯化亚铜加入 1~2ml 浓氨水和 10ml 水中,用力摇动后,静置片刻,倾出溶液,在溶液中投入一块铜片或一根铜丝。

(15) 乙酸铜-联苯胺试剂:组分 A:取 150g 联苯胺溶于 100ml 水及 1ml 乙酸中,存在棕色瓶中备用。组分 B:取 286g 乙酸铜溶于 100ml 水中,存放在棕色瓶中备用。使用前将两组分混合即可。

(16) 硝酸汞(Millon)试剂:将 1g 汞溶于 2ml 浓硝酸中,用水稀释至 50ml,放置过夜,过滤即得。

(17) 碘液:将 25g 碘化钾溶于 100ml 蒸馏水中,再加入 12.5g 碘搅拌使碘溶解。

(18) 溴水溶液:取 15g 溴化钾溶于 100ml 蒸馏水中,加入 3ml(约 10g)溴液,摇匀即可。

(19) 二苯胺-硫酸溶液:称取二苯胺 0.5g,溶于 100ml 浓硫酸中。

(20) 2,4-二硝基苯肼溶液:取 2,4-二硝基苯肼 3g,溶于 15ml 浓硫酸中,将此酸性溶液慢慢加入到 70ml 95%乙醇中,再加入蒸馏水稀释到 100ml。过滤,取滤液保存于棕色瓶中。

(21) 苯肼试剂:取 5g 苯肼盐酸盐溶于 100ml 水中,必要时可微热助溶,然后加入 9g 乙酸钠搅拌,使溶解。如溶液呈深色,加少许活性炭脱色,存于棕色瓶中。乙酸钠在此起缓冲作用,可调节 pH

在4～6范围内,这对成脎最为有利。

(22) 淀粉溶液:取2g可溶性淀粉与5ml水混合,将此混合液倾入95ml沸水后,搅拌均匀并煮沸,可得透明的胶体溶液。

(23) 盐酸间苯二酚试剂:取间苯二酚125mg,溶于83ml浓盐酸中,再用蒸馏水稀释至200ml,此试剂需用时新鲜配制。

附录七 常用有机试剂的性质和纯化

有机化学实验常根据实验内容的不同,对试剂有不同的要求。化学试剂是依它所含杂质的多少而分成级别的。市售的有机试剂有分析纯(A.R)、化学纯(C.P)、工业级(T.P),其中分析纯的纯度较高,工业级则含有较多的杂质。试剂的纯度越高,价格就越贵。在某些有机反应中,对试剂或溶剂的要求较高,即使微量的杂质或水分的存在,也会对反应的速率、产率和纯度带来一定的影响。因此掌握有机试剂的纯化方法是十分重要的。

(1) 乙醚:沸点 34.6℃,d_4^{20} 0.7315,在 100ml 水中溶解 1.5g(20℃),能与乙醇、苯丙酮等以任何比例混合。工业乙醚常含 2%乙醇,0.5%水,久藏的乙醚中常含有少量过氧化物。

纯化方法见合成实验部分基本操作。

(2) 乙醇:沸点 78.3℃,d_4^{20} 0.7893,能与水以任何比例混合。乙醇的除水方法很多,应根据需要选择,纯化方法见前。

(3) 苯:沸点 80.1℃,d_4^{20} 0.8791,不溶于水,能与乙醇以任何比例混合。在 5.2℃时成为晶体。工业苯中常含有噻吩,而噻吩的沸点 84℃与苯接近,因此不能用蒸馏方法分离。

检查苯中有无噻吩的方法:取 5ml 苯加入 10ml 靛红和 10ml 浓硫酸组成的溶液,振摇片刻,当有噻吩存在时,酸层呈现浅蓝色。

要制取干燥、无噻吩的苯一般可采用在室温下用浓硫酸洗涤的方法。取体积相当于苯体积的15%的浓硫酸洗涤,可重复操作直至酸层呈现无色或淡黄色为止。然后用水洗至中性,用无水 $CaCl_2$ 干燥后,进行蒸馏,收集 79～81℃馏分,最后以金属钠脱水成无水苯。

(4) 氯仿:沸点 61.2℃,d_4^{20} 1.4916,不溶于水,在日光下易氧化成 Cl_2、HCl、CO_2 和光气(剧毒),故应保存在棕色瓶中,市场上供应的氯仿多加有 1%乙醇以消除光气的剧毒。氯仿中的乙醇的检验可用碘仿反应,游离氯化氢的检验可用 $AgNO_3$ 的醇溶液。

氯仿的纯化是先用浓 H_2SO_4 除去乙醇,再用无水 $CaCl_2$ 脱水(不能使用金属钠干燥,因氯仿遇金属钠会发生爆炸),最后进行蒸馏。

(5) 丙酮:沸点 56℃,d_4^{20} 0.7898,能与水、乙醇、乙醚以任意比例混合。工业丙酮含有甲醇、乙醇、酸、水等杂质。

一般丙酮的纯化是将丙酮和高锰酸钾一同回流,直至加入的高锰酸钾的紫色不退为止,然后将丙酮蒸出,用无水 K_2CO_3 干燥,再进行蒸馏。

分析用的丙酮尚含有约 1%的水分,除去方法如下:取 40g 无水 K_2CO_3 放入蒸发器中直接加热30分钟,不断搅拌,冷却后加入 500ml 丙酮中,放置数日,其间应时时振摇,然后将丙酮滤入蒸馏瓶中,加入少量 P_2O_5 进行脱水,数小时后蒸馏收集丙酮。

(6) 石油醚:是石油分馏出来的多种烃类的混合物。实验室使用的石油醚依据沸点的高低常分为 30～60℃、60～90℃、90～120℃等几个馏分,其相对比重(d_4^{15})分别为:0.59～0.62、0.62～0.66、0.66～0.72。易燃,不溶于水。

主要杂质为不饱和烃类,除去的方法是:取 1000g 石油醚用 50～200g 浓硫酸振摇,放置 1 小时后,分出,再用水洗,用无水 $CaCl_2$ 干燥,蒸馏。如需绝对无水,再用金属钠或 P_2O_5 脱水。

(7) 四氯化碳:沸点 76.8℃,d_4^{20} 1.595,折光率 n_D^{20} 1.4603。四氯化碳中含 CS_2 达 4%,不溶于水,溶于其他有机溶剂。不燃,能溶解油脂类物质,有毒,吸入或皮肤接触都导致中毒。

纯化时,可将 1000ml 四氯化碳与 60g 氢氧化钾溶于 60ml 水和 100ml 乙醇中,在 50～60℃时振摇 30 分钟,然后水洗,再将此四氯化碳按上述方法重复操作一次(氢氧化钾的量减半)。四氯化碳中残余的乙醇可以用氯化钙除掉。最后将四氯化碳用氯化钙干燥,过滤,蒸馏收集 76.7℃馏分。四氯化碳不能用金属钠干燥,因有爆炸危险。

(8) 吡啶:沸点 115.5℃,d_4^{20} 1.5095,折光率 n_D^{20} 1.5095。分析纯吡啶含有少量水分,如要制备无水吡啶,可将吡啶和粒状氢氧化钾一同回流,然后隔绝潮气蒸出备用。干燥的吡啶吸水性很强,保存时应将容器口用石蜡封好。

(9) 二甲亚砜:沸点 189℃,熔点 18.5℃,d_4^{20} 1.100,折光率 n_D^{20} 1.4783。二甲亚砜能与水混合,可用分子筛长期放置加以干燥。然后减压蒸馏,收集 76℃/12mmHg 馏分。蒸馏时温度不可超过 90℃,否则会发生歧化反应生成二甲砜和二甲硫醚。也可用氧化钙、氧化钡或无水硫酸钡等来干燥,然后减压蒸馏。二甲亚砜与某些物质混合时可能发生爆炸,例如氢化钠、高碘酸或高氯酸镁等,应用时应予以注意。

(10) 四氢呋喃:沸点 67℃,d_4^{20} 0.8892,折光率 n_D^{20} 1.4050。四氢呋喃与水能混溶,并常含有少量水分及过氧化物。要制备无水四氢呋喃,可用氢化锂铝在隔绝潮气下回流(通常 1000ml 约需 2~4g 氢化锂铝)除去其中的水和过氧化物,然后蒸馏,收集 66℃的馏分(蒸馏时不要蒸干)。精制后的液体加入钠丝并在氮气氛中保存。如需较久放置,应加 0.025% 2,6-二叔丁基-4-甲基苯酚作抗氧化剂。

处理四氢呋喃时,应先用少量进行实验,在确定其中只有少量水和过氧化物,作用不会过于激烈时,方可进行纯化。四氢呋喃中的过氧化物可用酸化的碘化钾溶液来检验。如过氧化物较多,应另行处理为宜。

(11) 二氧六环:沸点 101.5℃,d_4^{20} 1.0336。与水互溶,无色,易燃,能与水形成共沸物(含量为 81.6%,沸点 87.8℃),普通品中含有少量二乙醇缩醛与水。纯化方法:可加入 10%的浓盐酸回流 3 小时,同时慢慢通入氮气,以除去生成的乙醛。冷却后,加入粒状氢氧化钾直至其不再溶解;分去水层,再用粒状氢氧化钾干燥一天;过滤,在其中加入金属钠回流数小时,蒸馏。

久藏的二氧六环中可能含有过氧化物,要注意除去,然后再处理。

(12) 苯胺:沸点 184.4℃,折光率 n_D^{20} 1.5850。在空气中或光照下苯胺颜色变深,应密封存于避光处。苯胺稍溶于水,能与乙醇、氯仿和大多数有机溶剂相溶,可与酸成盐。市售苯胺经氢氧化钾干燥,为除去含硫杂质可在少量氯化锌存在下,在氮气保护下减压蒸馏。

吸入苯胺蒸气或经皮肤吸收会引起中毒症状。

(13) 苯甲醛:沸点 179℃,折光率 n_D^{20} 1.5448。带有苦杏仁味的无色液体,能与乙醇、乙醚、氯仿相混溶,微溶于水,由于在空气中易氧化成苯甲酸,使用前需经蒸馏。

低毒,对皮肤有刺激,触及皮肤可用水洗。

(14) 冰乙酸:沸点 117℃,将市售乙酸在 4℃下慢慢结晶,并在冷却下迅速过滤,压干。少量的水可用五氧化二磷回流干燥几小时除去。

冰乙酸对皮肤有腐蚀作用,触及皮肤或溅到眼睛时,要用大量水冲洗。

(15) 乙酸酐:沸点 139~140℃,折光率 n_D^{20} 1.3904。纯化方法是加入无水乙酸钠回流并蒸馏。

对皮肤有严重的腐蚀作用,使用时需要使用防护眼镜及手套。

附录八 危险化学品的使用知识

化学工作者经常使用各种各样的化学药品进行工作。常用化学药品的危险性,大体可分为易燃、易爆、有毒和腐蚀性药品等。现分述如下。

1. 易燃化学药品

可燃气体:氢气、乙胺、氯乙烷、乙烯、煤气、氧气、硫化氢、甲烷、氯甲烷、二氧化硫等。

易燃液体:汽油、乙醚、乙醇、乙醛、甲醇、二硫化碳、石油醚、苯、甲苯、二甲苯、丙酮、乙酸乙酯等。

易燃固体:红磷、三氧化二磷、萘、镁、铝粉等。

从上列可以看出，大部分有机溶剂均为易燃物质，若使用或保管不当，极易引起燃烧事故，故需特别注意。

2. 易爆化学药品

一般说来，易燃物质大多含有以下结构或官能团：

—O—O—	臭氧、过氧化物
—O—Cl—	氯酸盐、高氯酸盐
=N—Cl	氮的氯化物
—N=O	亚硝基化合物
—N=N—	重氮及叠氮化合物
—N=C	雷酸盐
—NO$_2$	硝基化合物（三硝基甲苯、苦味酸盐）
—C≡C—	乙炔化合物

自行爆炸的有：高氯酸铵、硝酸铵、浓高氯酸、雷酸汞、三硝基甲苯等。

混合发生爆炸的有：

(1) 高氯酸+乙醇或其他有机物；

(2) 高锰酸钾+甘油或其他有机物；

(3) 高锰酸钾+硫酸或硫；

(4) 硝酸+镁或碘化氢；

(5) 硝酸铵+酯类或其他有机物；

(6) 硝酸+锌粉+水；

(7) 硝酸盐+氯化亚锡；

(8) 过氧化物+铝+水；

(9) 硫+氧化汞；

(10) 金属钠或钾+水。

经常使用的乙醚，不但其蒸气能与空气或氧气形成爆炸混合物，而且放置过久的乙醚被氧化生成的过氧化物在蒸馏时也会引起爆炸。

氧化物与有机物接触，极易引起爆炸。在使用浓硝酸、高氯酸及过氧化氢等时，必须特别注意。

防止爆炸还必须注意以下几点：

(1) 使用可能发生爆炸的化学药品时，必须做好个人防护，戴面罩或防护眼镜，在不碎玻璃通风橱中进行操作；并设法减少药品用量或浓度，进行小量实验。

(2) 易爆炸残渣必须妥善处理，不得任意乱丢。

3. 有毒化学药品

日常接触的化学药品，有的是剧毒，有的药品长期接触或接触过多，也会引起急性或慢性中毒，影响健康。但只要掌握有毒化学药品的特性并且加以防护，就可避免或把中毒机会减小到最低程度。

常见的有毒化学药品如下：

(1) 无机化学药品：

氰化物及氰氢酸：毒性极强，致毒作用极快，空气中氰化氢含量达万分之三，数分钟内即可致人死亡，使用时应特别注意。氰化物必须密封保存，要有严格的领用保管制度，取用时必须戴口罩、防护眼镜及手套，手上有伤口时不得进行氰化物的实验。研碎氰化物时，必须用有盖研钵，在通风橱中进行（不抽风）；使用过的仪器、桌面均得亲自收拾，用水冲净，手及脸亦仔细洗净；实验服可能污染，必须及时换洗。

汞：室温下即能蒸发，毒性极强，能导致急性或慢性中毒。使用时必须注意室内通风；提纯或处理必须在通风橱内进行。对于散落的细粒，可用硫黄粉、锌粉或三氯化铁溶液清除。

(2) 有机化学药品：

有机溶剂：有机溶剂均为脂溶性液体，对皮肤黏膜有刺激作用，对神经系统有损伤作用。如苯，不但刺激皮肤，易引起顽固湿疹，而且对造血系统及中枢神经均有损害。再如甲醇对视神经特别有害。在条件许可的情况下最好用毒性较低的石油醚、丙酮、甲苯、二甲苯代替二硫化碳、苯、卤代烷类。

硫酸二甲酯：鼻吸入及皮肤吸收均可中毒，且有潜伏期，中毒后感到呼吸道灼痛，对中枢神经影响大，滴在皮肤上能引起坏死、溃疡，恢复慢。

芳香硝基化合物：化合物所含硝基越多毒性越大，在硝基化合物中增加氯原子，亦将增加毒性。此类化合物的特点是能迅速被皮肤吸收，不但刺激皮肤引起湿疹，而且中毒后易引起顽固性贫血及黄疸病。

苯酚：能够灼伤皮肤，引起坏死或皮炎，沾染后应立即用温水及稀乙醇溶液洗。

生物碱：大多数生物碱具有强烈毒性，皮肤亦可吸收，少量可导致危险中毒甚至死亡。

4. 腐蚀性药品

(1) 气体：溴、氯、氟、氟化氢、溴化氢、氯化氢、二氧化硫、光气、氨等均为窒息性或刺激性气体。在使用以上气体或以上气体产生的实验，必须在通风橱中进行，并设法吸收气体以减小对环境的污染。

(2) 强酸和强碱：硝酸、硫酸、盐酸、氢氧化钠、氢氧化钾等均刺激皮肤，有腐蚀作用，造成化学烧伤。若吸入强酸烟雾，会刺激呼吸道，使用时应加倍小心。

(3) 溴：液溴可导致皮肤烧伤，蒸气刺激黏膜，甚至可使眼睛失明。使用时必须在通风橱中进行。如溅出，应立即用沙覆盖。如皮肤灼伤立即用稀乙醇冲洗或大量甘油按摩，然后涂硼酸凡士林。

附录九　部分有机化合物英、中文名称对照表及缩写代号

英文名称	缩写	中文名称	英文名称	缩写	中文名称
acetaldehyde	ACH	乙醛	benzenesulphonyl chloride		苯磺酰氯
acetanilide		乙酰苯胺	benzidine		联苯胺
acetic acid	Ac. A	乙酸	benzoic acid		苯甲酸
acetic acid glacial		冰乙酸	benzyl alcohol		苯甲醇
acetone		丙酮	benzyl cyanide	BC	苯乙腈
acetophenone		苯乙酮	bromobenzene		溴苯
acetyl chloride		乙酰氯	n-bromobutane		正溴丁烷
acetylsalicylic acid (aspirin)		乙酰水杨酸	butanone		丁酮
acrylic acid		丙烯酸	n-butyl alcohol		正丁醇
acrylonitrile	ACN	丙烯腈	iso-butanol		异丁醇
adipic acid		己二酸	caffeine		咖啡因
alanine	Ala;a	丙氨酸	n-caproic acid		正己酸
p-aminobenzenesulfonamide		对氨基苯磺酰胺	carbon tetrachloride	C.T.C	四氯化碳
ammonium citrate		枸橼酸铵	carboxymethyl cellulose	CMC	羧甲基纤维素
n-amylacetate		乙酸戊酯	chloral hydrate		水合三氯乙醛
iso-Amylacetate		乙酸异戊酯	chlorobenzene		氯苯
aniline	A	苯胺	cinnamic acid		肉桂酸
asbestos	asb	石棉	cinnamaldehyde		肉桂醛
barbituric acid		巴比妥酸	citric acid		枸橼酸
benzaldehyde		苯甲醛	cyclohexanol		环己醇
benzene	Bz	苯	cyclohexanone		环己酮

续表

英文名称	缩写	中文名称	英文名称	缩写	中文名称
p-dibromobenzene		对二溴苯	malic acid		苹果酸
dibutyl phthalate	DBP	邻苯二甲酸二丁酯	malonic acid		丙二酸
diethyl benzene	DEB	二乙苯	maltose		麦芽糖
diethyl ether	DEE	乙醚	mannose		甘露糖
diethyl malonate		丙二酸二乙酯	α-methylbenzylamine		α-苯乙胺
diethyl phthalate	DEP	邻苯二甲酸二乙酯	methyl acetate		乙酸甲酯
diethyl sulphate	DES	硫酸二乙酯	methyl alcohol	MeOH	甲醇
dimethyl phthalate	DMP	邻苯二甲酸二甲酯	methyl-ethyl-ketone	MEK	甲乙酮
dimethyl sulphate	DMS	硫酸二甲酯	methyl orange		甲基橙
m-dinitrobenzene		间二硝基苯	methyl salicylate		水杨酸甲酯
2,4-dinitrophenyl hydrazine	DNPH	2,4-二硝基苯肼	naphthalene		萘
			α-naphthol		α-萘酚
ethanol	EtOH	乙醇	β-naphthol		β-萘酚
ethanol absolute	EtOH(abs)	无水乙醇	ninhydrin		茚三酮
ethyl acetate	EA	乙酸乙酯	*o*-nitrophenol		邻硝基苯酚
ethyl acetoacetate		乙酰乙酸乙酯	*p*-nitrophenol		对硝基苯酚
ethylene glycol	EG	乙二醇	oleic acid		油酸
ethylenediamine	en	乙二胺	oxalic acid		草酸
ethylene oxide	EO	环氧乙烷	palmitic acid		棕榈酸(十六酸)
ethyl β-naphthalate		β-萘乙醚	pentanol		戊醇
fatty acid	FA	脂肪酸	*iso*-pentanol		异戊醇
formaldehyde solution		甲醛溶液	petroleum	Pet	石油
formic acid		甲酸	phenol	PhOH	苯酚
D-fructose		*D*-果糖	phloroglucinol		间苯三酚
furan		呋喃	*o*-phthalic acid		邻苯二甲酸
furfural		呋喃甲醛	*o*-phthalic anhydride		邻苯二甲酸酐
2-furalcohol		呋喃甲醇	1-piperoylpiperidine		胡椒碱
2-furoic acid		呋喃甲酸	propanol		丙醇
α-*D*-glucose	α-*D*-glu	α-*D*-葡萄糖	propionic acid		丙酸
glutamic acid	Glu;E	谷氨酸	pyridine	Pyr.	吡啶
glycerol	GL	甘油	pyruvic acid		丙酮酸
glycine		甘氨酸	resorcinol		间苯二酚
2-heptanone		2-庚酮	red pigment		红色素
n-hexanol		正己醇	resacetophenone		2,4-二羟基苯乙酮
hydroquinone		对苯二酚	rhamnose		鼠李糖
p-hydroxyazo benzene	HAB	对羟基偶氮苯	salicylic acid		水杨酸
hydroxyiamine sulphate	HAS	硫酸羟胺	sodium acetate anhydrous		无水乙酸钠
8-hydroxy quinoline		8-羟基喹啉	sodium benzoate		苯甲酸钠
lactose		乳糖	tri-Sodium citrate		枸橼酸三钠
lactic acid		乳酸	sodium oxalate		草酸钠
light petroleum	L.P.	石油醚	sodium-potassium tartrate		酒石酸钾钠
liquid petrolatum	LP	液状石蜡	sodium salicylate		水杨酸钠
lubricating oil	LO	润滑油	starch soluble		可溶性淀粉
maleic anhydride	MA	顺丁烯二酸酐	stearic acid	st.	硬脂酸

续表

英文名称	缩写	中文名称	英文名称	缩写	中文名称
styrene	sty.	苯乙烯	trimenthylamine	TMA	三甲胺
sucrose		蔗糖	trimenthylbenzene	TMB	三甲苯
tartaic acid	tart.	酒石酸	trinitroaniline	TNA	三硝基苯胺
terephthalic acid	TPA	对苯二甲酸	trinitrobenzene	TNB	三硝基苯
tetrahydropyrane	THP	四氢吡喃	trinitrotoluene	TNT	三硝基甲苯
tetrahydrofuran	THF	四氢呋喃	2,4,6-trinitrophenol		2,4,6-三硝基苯酚
p-toluenesulphonyl chloride		对甲苯磺酰氯	triphenyl carbrinol		三苯甲醇
trichloromethane		三氯甲烷	turpentine oil		松节油
trichloroacetic acid	TCA	三氯乙酸	urea	U	尿素
triethylamine		三乙胺	uracil	Ura	尿嘧啶
trifluoroacetic acid	TFA	三氟乙酸	vinyl chloride	VC	氯乙烯
triglyceride	TG	三酰甘油	xylene	xyl	二甲苯